新型职业农民培育教材

蔬菜病虫害识别与绿色防控

主　编：席亚东

副主编：张河庆　韩　帅　吴　婕
　　　　乔　昕　罗怀海　张　梅

参　编：李洪浩　王郁金　向运佳

电子科技大学出版社
University of Electronic Science and Technology of China Press
成　都

图书在版编目（CIP）数据

蔬菜病虫害识别与绿色防控／席亚东主编．－成都：
电子科技大学出版社，2018.4（2023.10重印）

ISBN 978－7－5647－6540－8

Ⅰ．①蔬… Ⅱ．①席… Ⅲ．①蔬菜－病虫害防治－无
污染技术 Ⅳ．①S436.3

中国版本图书馆 CIP 数据核字（2018）第 164600 号

蔬菜病虫害识别与绿色防控
席亚东　主编

策划编辑　辜守义
责任编辑　辜守义
封面设计　杨　力

出版发行　电子科技大学出版社
　　　　　成都市一环路东一段 159 号电子信息产业大厦　邮编 610051
主　　页　www.uestcp.com.cn
服务电话　028－83203399
邮购电话　028－83201495

印　　刷　成都金龙印务有限责任公司
成品尺寸　140mm×203mm
印　　张　8.125
字　　数　180 千
版　　次　2018 年 4 月第一版
印　　次　2023 年 10 月第二次印刷
书　　号　ISBN 978－7－5647－6540－8
定　　价　23.00 元

编 者 的 话

为贯彻落实党的十九大关于实施乡村振兴战略的决策部署和中央一号文件关于全面建立职业农民制度的指示精神，加快培育高素质新型职业农民，我们组织有关高等院校、科研院所的涉农教师以及长期从事农业技术推广工作的资深专家，对原有的新型职业农民科技培训教材进行了修编。修编教材具有较强针对性和实用性 ，是目前国内同类教材中最新的一套培训教材，可更好地满足各地新型职业农民培训需要。

修编教材采用了国家最新标准、法定计量单位和最新名词、术语，并力求做到内容浅显易懂、图文并茂，让农民朋友易于学习、掌握。目前已完成修编的教材有 7 本，涵盖种植、养殖两个大类。

由于编写时间较为仓促，教材中难免存在不足和错误，诚恳希望各位专家和广大读者批评指正。

《新型职业农民培育教材》编委会

2018 年 6 月

目 录

第一章 总 论

第一节 四川省蔬菜病虫害发生与危害特点

四川是我国重要的蔬菜生产大省，根据农业部统计资料，2012 年四川省蔬菜播种面积达 125.39 万平方亩（1880.85 万亩），总产量达 3764.7 万吨，播种面积和总产量均居全国第四位（农业部，2014）。近年来，随着四川省蔬菜产业迅猛发展，种植面积达 2000 万亩以上，总播种面积仅次于水稻，位居西部第一，但是蔬菜病害、害虫危害问题日益突出，已成为限制四川省蔬菜产业可持续发展的重要因子。

据郑建秋等调查，我国蔬菜病虫有 2000 多种，常发病虫 300 多种，每年必须防治病虫 50 ~ 70 种。由于四川省独立的气候条件，蔬菜种类多，病虫害种类更为繁多，在我们本课题组从事蔬菜病虫害鉴定与防治的过程中，发现在国内其他地方发生的病虫害，在我省几乎均有不同程度的发生。随四川省蔬菜耕作制度变更和生态系统调整，新病害、害虫的不断涌现，给我们蔬菜产业安全提出了挑战。

经过我们多年的生产实践发现，我省的蔬菜病虫害发生主要具有以下特点。

一、主次病虫害更替变化

一些主要病虫害严重发生，一些次要病虫害上升为主要害虫。番茄早疫病、番茄晚疫病、莴笋霜霉病和辣椒烟青虫为四川省主要病虫害，近年来严重发生；而次要病害黄瓜靶斑病和菌核病等，在新都等地区已上升为夏季黄瓜生产上的主要病害；番茄叶霉病、番茄灰叶斑病在成都市新都区等局部地已经上升为主要病害。据统计，泸州市雁江区莴笋霜霉病平均病田率为22.4%，汶川县发病重的田块病株率达95%以上。在春夏黄瓜栽培田块，瓜蚜危害逐渐加重并严重发生，而次要害虫如黄守瓜在最近两年已经成为成都市等局部地区春夏季黄瓜生产上的主要害虫。

一些主要病虫害降为次要病虫害，一些次要病虫害上升为主要病虫害。黄瓜枯萎病、番茄立枯病等主要病害在局部地区随控制技术、嫁接技术和栽培条件改善，转变为次要病害。

二、土传病虫害日益严重

冬瓜疫病、辣椒疫病、根肿病等在全省范围内普遍发生，随连作栽培，土传病害日益严重。小地老虎（*Agrotis ypsilon*）、蝼蛄（*Gryllotalpa orientalis*）、蛴螬［金龟总科（*Scarabaeoidea*）幼虫］等在四川省一些蔬菜苗期严重危害，必须在播种或移栽时必须提前施药防控，成为绿色农业可持续发展的瓶颈。

三、新型病害发生严重

2011年在成都市双流县发现了辣椒菌核病，该病是四川省的新纪录（王玮 等，2012），严重时发病率达30%以上，近两年在双流、郫县、新都等地区频繁发生危害，已成为常发性病害。

四、小型害虫危害加重

随设施农业发展和极端气候等因素的影响，一些虫体小、繁殖力高、世代重叠的害虫暴发成灾，如蚜虫、螨类、粉虱类等。据四川省农业厅统计，2012 年 3 月下旬十字花科类蔬菜的蚜虫发生情况为：泸州市雁江区蔬菜平均有蚜株率 85.6%；南溪县有蚜株率 21.6%；富顺县田间平均有蚜株率 51.3%；简阳市蚜虫发生面积占 38.89%，有虫株率 13.44%。所以，十字花科类蔬菜蚜虫整体发生比较严重，不同地区间差异明显。

另外，蚜虫、粉虱、蓟马等小型害虫能够传播病毒病，且病毒病所造成的损失不逊于小型害虫本身的危害。

五、生理性病害普遍发生

由于土壤养分失调，蔬菜生长期间环境、气候条件剧烈变化等因素，常导致生理性病害普遍发生。如黄瓜尖嘴瓜、西葫芦大肚瓜、番茄畸形果、芹菜低温冻害等。

六、危害途径和发生场所、方式多样

随设施农业和蔬菜产业发展，一些病虫害危害途径、场所及发生方式多样，主要体现在：①不同地区间病虫害发生严重度不同，如小菜蛾在川西南山区的十字花科类蔬菜产地危害更重，2013 年 3 月该区域内的汉源县小菜蛾在甘蓝幼苗上有虫株率达 41.5%；②曾主要在露地为害的病虫害，在温室中再流行，并在露地与温室间辗转加重危害；③一些病虫害如蚜虫和霜霉病等，在黄瓜等蔬菜上由季节性发生变为周年性循环为害；④曾主要在苗期为害的病虫害现已在成株期普遍发生，如腐霉菌（*Pythium* spp.）引起的黄瓜、辣椒、番茄、姜的根腐病（李宝聚，2014）；⑤曾为害大田粮食、经济农作物的害虫，如棉铃虫、棉蚜（*Aphis gossypii*）、蓟马等，也向茄果类、瓜类、十字花科类等蔬菜田转移为害，玉米螟（*Ostrinia nubilalis*）是玉米上的主要害虫，现亦可为害豆类、生姜类蔬菜；⑥一些病害发生从个别蔬菜种类向多种蔬菜种类发展，呈寄主扩大化，如病毒病。

七、检疫性病虫害入侵

2010 年四川省彭州市和江油市在西瓜上发现了全国农业植物检疫性病害——黄瓜绿斑驳花叶病毒病（*Cucumber green mottle mosaic virus*，CGMMV），对经济、社会上造成了严重影响，经过 1 个月的紧急、有效处置，才有效地控制病情，未造成该检疫性病害向外扩散蔓延（四川省农业厅，2010）。

八、病虫害发生频繁、蔓延迅速

一些病虫害的发生比以前更频繁，蔓延速度更快。如番茄叶霉病、黄瓜霜霉病、黄瓜白粉病等现已成为周年性病害，发生更频繁，黄瓜霜霉病可以在 1～3d 内蔓延到全田，形成“跑马干”，即使发生后用药也难以得到较好的防治效果。蚜虫、白粉虱等害虫现在周年频繁、快速为害，给蔬菜生产造成了极大的威胁。

九、品种抗性减弱、病虫害抗药性增强

抗性品种种植若干年后逐渐丧失抗性，如津研、津绿系列黄瓜在四川省初种植时表现高抗霜霉病、白粉病，现已表现为中抗或耐病。由于新病原菌、小种及害虫生物型不断出现，使过去主栽的抗病虫品种的抗性不断被克服而丧失，曾报道的四川省辣椒炭疽病的病原物主要为胶孢炭疽菌（陈希芹，2004；秦刚和吴庆丽，2012），而 2013 年报道的尖孢刺盘孢是四川省

首次发现的辣椒炭疽病的病原物（张国芝 等，2013）。

病虫害对农药产生抗性，主要表现为从低水平的抗药性发展到高水平抗药性。霜霉病菌、灰霉病菌、菜青虫、蚜虫等都产生不同程度的抗药性，且抗药性风险持续加大。

第二节 四川省蔬菜病虫害绿色防控策略

面对危害严重、复杂的病虫害问题，化学农药的不合理使用，导致蔬菜产品农药残留超标和生态环境恶化，人畜中毒事件时有发生和报道；在某些情况下，农药的过量使用，并未达到有效控制病虫害的目的，因此蔬菜病虫害的防控策略需要满足安全、有效和可持续发展的目的。

一、精准识别病虫害，分析成灾原因、制定防治策略

蔬菜害源多种多样，依据其性质主要包括生理型即非生物性害源和生物性害源。生理型害源包括温度异常、营养异常和工业污染等；生物性害源包括植物病原微生物、害虫、害螨、杂草等。本书主要着重于植物病原微生物和害虫造成的危害和防治。植物病原微生物主要包括真菌、卵菌、细菌、病毒等，所用的化学防治药剂均不同。有些病虫害的发生比较复杂，需要仔细甄别，如一些害虫（如菜青虫）为害蔬菜叶片后留下的伤口易诱发软腐病；一些地下害虫为害根系及地下根茎部后，伤口有利于病菌侵入诱发病害。因为害源不同，其发生的规律、特点不同，所以需要在基本认识病虫害后，选择安全有效、切实可行的防治策略和技术措施。

二、源头绿色控制策略

识别了病原菌后，需要弄清传病带虫的途径：种子、菜苗、空气、土壤、水、肥、棚室表面等。主要技术有：种子消毒（温汤浸种、药剂浸种、干热消毒）、棚室表面消毒（药剂表面消毒、熏蒸、抽样棚室消毒）、土壤处理（药剂处理、药剂熏蒸、太阳能高温消毒、臭氧土壤处理、生物熏蒸）、带病残株无害化处理等。如由中国农科院蔬菜所研发的新型防治韭蛆绿色防控技术——“日晒高温覆膜法”，主要针对韭蛆不耐高温的习性，于地面上铺透明保温的无滴膜，让阳光直射到膜上，提高膜下土壤温度，当韭蛆幼虫所在的土壤温度超过40℃，且持续3小时以上，则可将其彻底杀死。

三、栽培管理绿色防治策略

主要包括轮作（选择亲缘关系较远、避免具有相同病虫种类两原则）、间套作、抗性品种的应用、嫁接防治土传病害、节水灌溉、生态调控（人为控制气象条件，如高温闷棚）等。

四、物理防控策略

主要采用遮阳网、防虫网（防治烟粉虱需要50目以上）、功能膜（如银灰膜具有避蚜作用）、色板（黄板、篮板等）、杀虫灯、性诱剂、

五、生物防治

对蔬菜害虫具有控制作用：捕食性天敌昆虫，如异色瓢虫、七星瓢虫、龟纹瓢虫、草蛉、小花蝽等；寄生性天敌昆虫，如丽蚜小蜂、潜蝇姬小蜂、烟蚜茧蜂；虫生真菌，如球孢白僵菌、金龟子绿僵菌、玫烟色拟青霉、蜡蚧轮枝菌、座壳孢、虫霉、莱氏野村菌等。昆虫病原细菌，如苏云金芽孢杆菌

(Bt)；昆虫病毒，如菜青虫核型多角体病毒、斜纹夜蛾核型多角体病毒、小菜蛾颗粒体病毒和苜蓿斜纹夜蛾核型多角体病毒；昆虫病原线虫，如中华卵索线 虫、斯氏线虫等。

对植物病害具有控制作用：木霉、毛壳菌、酵母菌、淡紫拟青霉菌、厚壁孢子轮枝菌、菌根真菌等；芽孢杆菌、假单孢杆菌、促进植物生长菌（PGPR）、巴氏杆菌等；链霉菌及其变种产生的农用抗生素；植物免疫诱导药物如壳寡糖和微生物蛋白激发子。

六、科学用药

禁止使用违禁农药（如有机磷类农药、毒死蜱、三氯杀螨醇等）在蔬菜上的应用。根据病虫选择农药施用，科学混药、精准施药、轮替用药、在适宜的事情用药，严格按照国家规定的农药安全使用间隔施药，争取使用喷雾器，安全处理农药包装等废弃物等。另外，在农业部药检所的官网中国农药信息网（http：//www. chinapesticide. gov. cn/）上点击“数据中心－登记信息”，可以在出现的输入框中，输入相应的作物名称、防治对象（指具体的病虫草鼠等名称）等可以查询每种病虫害的用药品种、用药量和施用方法，也可在首页关注相关的农药应用等方面的动态。

第二章 蔬菜苗期病虫害识别及绿色防治

第一节 猝倒病

猝倒病俗称“倒苗”“霉根”“小脚瘟”，主要由卵菌门瓜果腐霉属菌侵染所致。病菌寄主范围很广，能够侵染茄果类、瓜类、莴苣、芹菜、白菜、萝卜等蔬菜幼苗。苗床上发生普遍，严重时可引起成片死苗。

一、为害症状

猝倒病常发生在幼苗出土后、真叶展开前。发病初期幼苗茎基部发生水渍状病斑斑，继而绕茎扩展，缢缩呈细线状，使幼苗倒状（见图2－1～图2－3）。湿度大时，在病苗或其附近床面上密生白色棉絮状菌丝。

出苗前染病，引起子叶、幼根及幼茎变褐腐烂，即为烂种或烂芽。病害开始往往仅个别幼苗发病，条件适合时以这些病株为中心，迅速向四周扩展蔓延，造成成片死苗。

二、病原物

病原物主要是瓜果腐霉（*Pythium aphanidermatum*），属卵菌门。菌丝丝状，无分隔，菌丝上产生不规则形、瓣状或卵圆形孢子囊。孢子囊萌发产生有双鞭毛的游动孢子。

图 2-1　黄瓜猝倒病

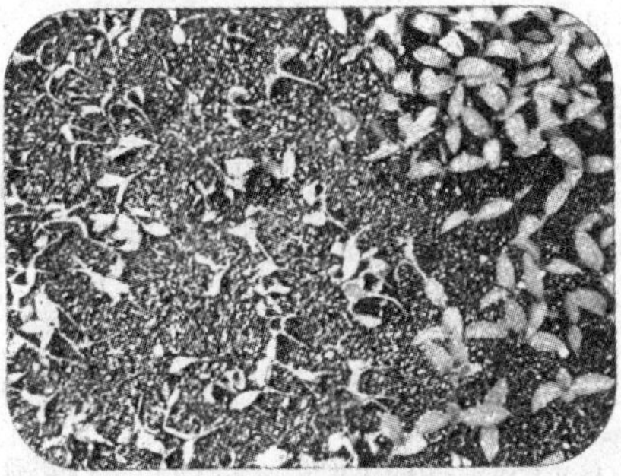

图 2-2　辣椒猝倒病

图 2-3　番茄猝倒病

三、发生规律

猝倒病主要由鞭毛菌亚门真菌瓜果腐霉菌侵染所致。病菌以卵孢子或菌丝随病残体在土壤中越冬，并可在土壤中长期存活。主要靠雨水或喷淋传播，病菌在土温15℃～16℃时繁殖最快，适宜发病地温为10℃，故当苗床温度低，幼苗生长缓慢，湿度大时利于发病。光照不足，播种过密，幼苗徒长往往发病较重。当幼苗皮层木栓化后，真叶长出，则逐步进入抗病阶段。

四、防治方法

（一）农业防治

选择地势高、地下水位低、排水良好、水源方便、避风向阳的地方育苗。苗床降低湿度，施用经酵素沤制的堆肥，减少化肥或农药的用量；苗期可喷施500～1000倍磷酸二氢钾，或1000～2000倍氯化钙等，提高抗病能力。

（二）加强苗床管理

根据苗情适时适量放风换气，避免低温高湿条件出现。苗床土最好选用肥沃、疏松、无病的新床土，若用旧床上必须进行土壤处理；播种均匀而不过密；须洒水时，要在晴天上午进行，且每次不宜过多；床土湿度大时，可撒干细土降湿。

（三）药剂防治

猝倒病多发区，在打足底水的苗床上，喷洒30%噁霉灵·精甲霜灵水剂1500～2000倍液；发病前或发病初期用72.2%霜霉威盐酸盐水剂400倍液喷淋，每米2喷淋药液2～3kg。药剂防治于病害始见时开始施药，间隔7～10天。一般防治1～2次，并及时清除病株及邻近病土。药剂选用：68%精甲霜·锰锌可湿性粉剂600～800倍液，或3%噁霉灵·甲霜灵水剂800倍液+65%代森锌可湿性粉剂600倍液，或58%甲霜灵·锰锌可湿性粉剂500倍液，或72%霜脲·锰锌可湿性粉剂600倍液，或69%烯酰吗啉·锰锌可湿性粉剂或水分散粒剂800倍液。为减少苗床湿度，应在上午喷药。

第二节　立枯病

立枯病又称“死苗”，主要由立枯丝核菌（学名 *Rhizoctonia solani* Kühn，英文名 Sheath Blight），属半知菌亚门真菌侵染引起。寄主范围广，除茄科、瓜类蔬菜外，一些豆科、十字花科等蔬菜也能被害，已知有160多种植物可被侵染。病原物为丝核菌属立枯丝核菌 *Rhizoctonia solani*，属半知菌亚门真菌。

一、为害症状

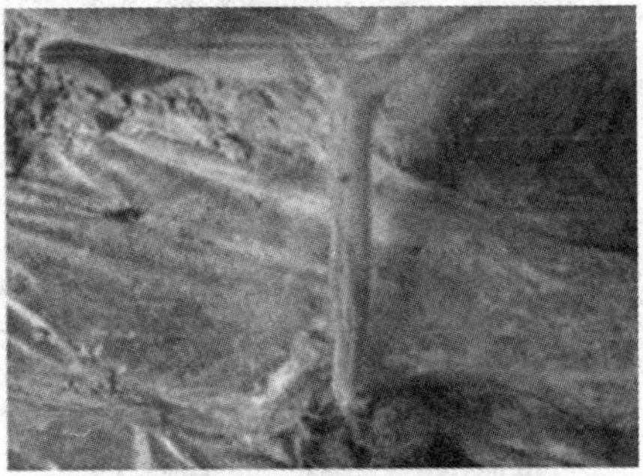

图2－4　西瓜立枯病

多发生在育苗的中、后期。主要危害幼苗茎基部或地下根部，初为椭圆形或不规则暗褐色病斑，病苗早期白天萎蔫，夜间恢复，病部逐渐凹陷、溢缩，有的渐变为黑褐色，病斑扩大形成绕茎，最后干枯死亡，但不倒伏。轻病株仅见褐色凹陷病斑而不枯死。苗床湿度大时，病部可见不甚明显的淡褐色蛛丝状霉。

立枯病与猝倒病的区别：猝倒病常发生在幼苗出土后、真叶尚未展开前，产生絮状白霉、倒伏过程较快，主要危害苗基部和茎部；立枯病多在育苗中后期发生，发病中无絮状白霉、植株得病过程中不倒伏。

图 2－5　西瓜立枯病

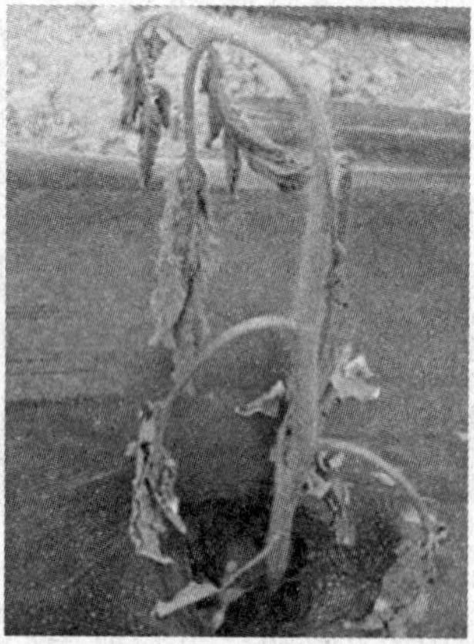

图 2－6　番茄立枯病

二、病原物

病原物为丝核菌属立枯丝核菌 *Rhizoctonia solani* Kühn，属半知菌亚门。菌丝有隔膜，初期无色，老熟时浅褐色至黄褐色，分枝处成直角，基部稍缢缩。病菌生长后期，由老熟菌丝交织在一起形成菌核。菌核暗褐色，不定形，质地疏松，表面粗糙。有性阶段为瓜亡革菌 *Thanatephorus cucumeris*（Frank.）Donk，属担子菌亚门。自然条件下不常见，仅在酷暑高温条件下产生。担子无色，单胞，圆筒形或长椭圆形，顶生 2～4 个小梗，每个小梗上产生 1 个担孢子。担孢子椭圆形，无色，单胞，大小为 6～9μm×5～7μm。

三、发生规律

病菌以菌丝和菌核在土壤或寄主病残体上越冬，可在土壤中存活 2～3 年。混有病残体的未腐熟的堆肥，以及在其他寄主植物上越冬的菌丝体和菌核，均可成为病菌的初侵染源。病菌通过雨水、流水、沾有带菌土壤的农具以及带菌的堆肥传播，从幼苗茎基部或根部伤口侵入，也可穿透寄主表皮直接侵入。

病菌生长适温为 17℃～28℃，12℃以下或 30℃以上病菌生长受到抑制，故苗床温度较高，幼苗徒长时发病重。土壤湿度偏高，土质黏重以及排水不良的低洼地发病重。光照不足，光合作用差，植株抗病能力弱，也易发病。刚出土的幼苗及大苗均能受害，一般多在育苗中后期发生。多在苗期床温较高或育苗后期发生、阴雨多湿、土壤过黏、重茬发病重。播种过密、间苗不及时、温度过高易诱发本病。

四、防治方法

（一）农业防治

1. 严格选用无病菌新土配营养土育苗。

2. 苗床土壤处理可用 30% 噁霉灵·精甲霜灵水剂 1500～

2000倍液均匀喷施于苗床。

3. 实行轮作。与禾本科作物轮作可减轻发病。

4. 秋耕冬灌，瓜田秋季深翻25～30cm，将表土病菌和病残体翻入土壤深层腐烂分解。

5. 土地平整，适期播种。一般以5cm地温稳定在12℃～15℃时开始播种为宜。

6. 加强田间管理。出苗后及时剔除病苗。雨后应中耕破除板结，以提高地温，使土质 松疏通气，增强瓜苗抗病力。

（二）种子处理

1. 药剂拌种的用药量为干种子重的0.2%～0.3%。常用农药有代森锰锌、多菌灵等。

2. 种衣剂处理：种衣剂与种子之比为1:25或按说明使用。

（三）药剂防治

发病初期可喷洒70%甲基硫菌灵可湿性粉剂800倍液，或40%百菌清可湿性粉剂800倍液，或43%戊唑醇悬浮剂3000倍液。或3%多抗霉素水剂500～1000倍液等药剂，隔7～10天喷1次，连续2～3次。

育苗时，用50%多菌灵可湿性粉剂按每平方米2～4g，对苗床进行喷淋，定植前后，可将稀释600～800倍液，每株灌根200mL，间隔3个月用一次用。

第三章　豆类蔬菜病害识别及绿色防治

第一节　豇豆锈病

锈病是为害豇豆的一种重要病害，各地均有发生，夏季高温多雨病害易于流行，流行季节病株率可达90%以上。

一、为害症状

本病主要为害叶片，严重时也可为害茎、蔓、叶柄及荚。叶片染病时，初现褪绿小黄斑，后中央稍突起，呈黄褐色近圆形疱斑，周围有黄色晕圈，后表皮破裂，散出红褐色粉末，即夏孢子。四周生紫黑色疱斑，即冬孢子堆。后期叶片布满锈褐色病斑，枯黄脱落。茎染病，症状与叶片相似。荚染病形成突出表皮的疱斑，表皮破裂后，散出褐色粉状物。

二、病原物

病原为豇豆单胞锈菌（*Uromyces vignae* Barclay），属担子菌亚门真菌。夏孢子黄褐色，单胞，椭圆形，表面具细刺，21～32μm×18～25μm。冬孢子褐色，球形，单胞，表面平滑26～34μm×21～28μm。

图 3－1　豇豆锈病叶片

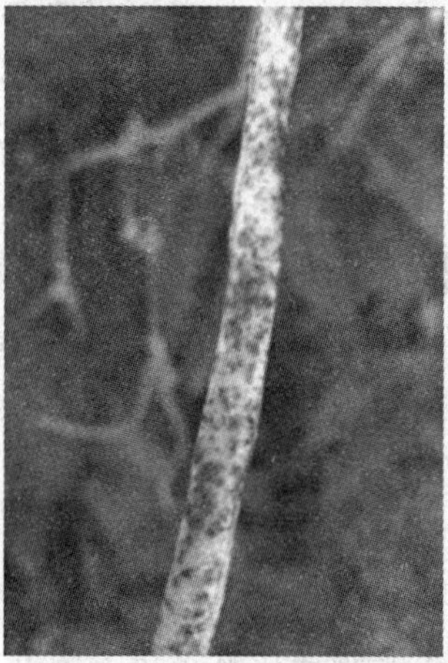

图 3－2　豇豆锈病豆荚

三、发生规律

病菌以冬孢子在病残体上越冬，温暖地区以夏孢子越冬。翌春冬孢子萌发时产生担子和担孢子，借气流传播，从叶片气孔直接侵入。华北地区主要发生在夏、秋两季，长江中下游地区发病盛期在 5～10 月，华南地区发病盛期在 4～7 月。进入开花结荚期，气温 20℃左右，高湿，昼夜温差大及结露持续时间长等时，此病易流行，秋播豆类及连作地发病重。夏季高温、多雨时发病重。

四、防治方法

（一）农业防治

春播宜早，清洁田园，深翻土壤，采用配方施肥技术，适当密植，及时整枝，雨后及时排水。

（二）药剂防治

结合其他病害的防治加强预防，发病前，可采用 25% 嘧菌酯悬浮剂 1 000 ~ 2 000 倍液，或 75% 百菌清可湿性粉剂 600 ~ 800 倍液，或 65% 代森锌可湿性粉剂 500 ~ 700 倍液，或 70% 丙森锌可湿性粉剂 600 ~ 800 倍液喷雾防治，视病情隔 7 ~ 10 天喷 1 次。

田间发现病情及时施药防治，发病初期，可采用 30% 苯醚甲环唑·丙环唑乳油 3 000 ~ 4 000 倍液，或 12.5% 烯唑醇可湿性粉剂 2 000 ~ 3 000 倍液 + 70% 代森锰锌可湿性粉剂 800 倍液，或 40% 氟硅唑乳油 8 000 ~ 10 000 倍液 + 70% 代森锰锌可湿性粉剂 600 ~ 800 倍液喷雾防治，视病情隔 7 ~ 10 天喷 1 次。

第二节　豇豆炭疽病

一、为害症状

叶、茎、豆荚均可染病。叶片染病，先出现淡红褐色小点，逐渐发展成圆形至不规则形病斑，初为红褐色，后为黑褐色。叶柄和茎上病斑凹陷龟裂，呈梭形或长条形，初为紫红色，后变淡，病斑上密生大量黑点。豆荚上病斑深褐色近圆形或不规则形，湿度大时，溢出粉红色黏稠物。

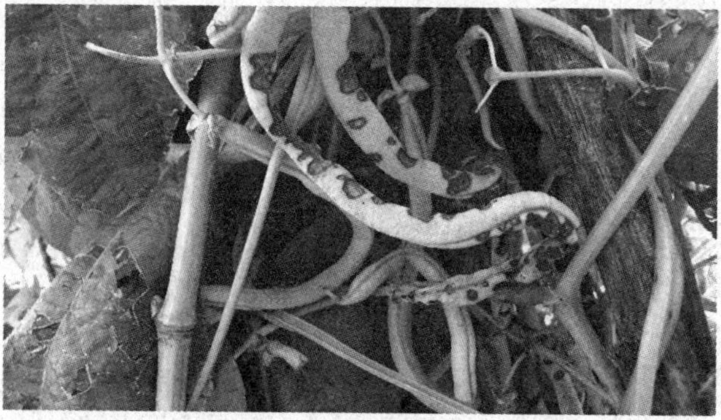

图 3－3　豇豆炭疽病病荚

二、病原物

病原为平头刺盘孢（*Colletotrichum truncatum*（Schw.）Andr. et Moore），属半知菌亚门真菌。

三、发生规律

病菌以菌丝体随病残体或在种子内越冬，可借雨水、气流、接触传播，气温 20℃左右，相对湿度 95% 以上时利于病害发生，因此，在多雨、多雾、冷凉多湿、种植过密地区发病重。

四、防治方法

（一）农业防治

选用抗病品种，实行 2 年以上轮作。使用旧架要用硫黄进行熏蒸消毒。

（二）药剂防治

用种子重量 0.4% 的 50% 多菌灵或福美双可湿性粉剂拌

种，或50%多菌灵·硫黄悬浮剂600倍液浸种30分钟，洗净晾干后播种。发病初期用25%咪鲜胺乳油1500倍液，或25%吡唑醚菌酯乳油2000倍液，或75%百菌清可湿性粉剂600倍液，或70%甲基托布津可湿性粉剂500倍液茎叶均匀喷雾，间隔7～10天喷施1次，连续防治2～3次。

第三节　豇豆根腐病

根腐病是豇豆生产中最主要病害之一，发生普遍、发病重、危害大、防治困难。一般发病率在25%～40%，严重田块可达60%以上。

一、为害症状

主要危害根部和茎基部，出苗后7天即可发病，发病初期下部叶片变黄，根部产生红褐色点状病斑，由侧根蔓延至主根，引起整个根系腐烂或坏死，病株易拔起。纵剖病根可见维管束变褐，病情扩展后向茎部延伸。主根发病后地上部分萎蔫枯死。

发生规律：病菌以菌丝体或孢子在病残体或土壤中越冬。病原可通过工具、雨水、灌溉水传播蔓延，先从伤口侵入引起根部皮层腐烂。因此，地势低洼，土质黏重，雨后排水不及时利于发病。

二、病原物

病原主要为腐皮镰孢菌（*Fusarium solani*），属半知菌亚门真菌，可侵染豇豆和四季豆。分生孢子有大小两种，大型分生孢子纺锤形，有3～4个隔膜，大小20.6～48.8μm×2.5～4.0μm；小型分生孢子为卵形或椭圆形，0～1个分隔，大小为 6.4 ~ 10.3μm × 2.5 ~ 3.6μm。厚垣孢子较易产生，顶生或间生，单个球形或成对顶生，细胞壁粗糙。

图 3－4　豇豆根腐田间症状

三、发生规律

豇豆根腐病为土传病害，病菌以菌丝体或厚垣孢子在病残体或土壤中越冬。病原可通过农事操作工具、雨水及灌溉水传播蔓延。地势低洼，土质黏重，雨后排水不良地块易发病。

四、防治方法

（一）农业防治

选用抗病品种；实行轮作，与非豆科作实行 2 年以上轮作，防治积水，雨后及时排水。

（二）药剂防治

2.5% 咯菌腈乳油 20g/100kg 种子进行拌种。可用 50% 多菌灵可湿性粉剂 700 倍液，或 30% 噁霉灵水剂 500 倍液，或 45% 敌磺钠可湿性粉剂 500 倍液灌根或浇淋植株基部。定植缓苗后开始第一次用药，每株 250mL，间隔 7 天浇淋 1 次，连续 3 次。

第四节　豇豆轮纹病

轮纹病是豇豆的一种常见病害。分布广泛，在生产上造成的损失较小。

一、为害症状

主要为害叶片。初生红褐色小斑点，扩大后为圆形或近圆形红褐色病斑。斑面上有明显的同心轮纹。在叶脉上发生褐色或深褐色局部坏死斑。茎上被害发生不规则的深褐色条斑。豆荚病斑褐色，扩大后呈褐色轮纹斑。天气潮湿时，叶背面病斑上常产生灰色霉状物，严重时大量落叶。

图3－5　豇豆轮纹病病叶（正、反面）

二、病原物

病原菌为豇豆尾孢菌（*Cercospora vignicola*（Kaw.）Goto），属半知菌亚门真菌。分生孢子梗丛生，暗褐色，具1～7个隔膜，大小多为80～228×6～9μm。分生孢子倒棍棒状，淡色至淡褐色，具2～12个隔膜，大小39～222×12～20μm。

三、发生规律

病菌以菌丝体随病残体留在土中越冬，第二年产生分生孢子，随气流传播，继而在病部产生分生孢子再侵染。本病多在开花结荚后发生，植株生长衰弱、缺肥，易诱发本病。

四、防治方法

（一）农业防治

发病地块在收获后，彻底清除病残体，集中深埋或烧毁，深耕晒土。

（二）化学防治

发病期或发病初期用30%苯甲·丙环唑乳油3000倍液，或50%异菌·福美双可湿性粉剂800倍液，茎叶均匀喷雾，7~10天喷施1次，连续喷施2~3次。

第五节　豇豆灰霉病

一、为害症状

豇豆叶、茎、花、荚果均可染病，一般根茎部向上先显症，初现深褐色，中部淡棕色或浅黄色，干燥时病斑表皮破裂形成纤维状，湿度大时上生灰色霉层。有时病菌从茎蔓分枝处侵入，致病部形成凹陷水浸斑，后萎蔫。

苗期子叶染病呈水浸状变软下垂，后叶缘长出白灰色霉层，即病菌分生孢子梗和分生孢子。

叶片染病，形成较大的轮纹斑，后期易破裂。

二、病原物

病原菌为灰葡萄孢菌（*Botrytis cinerea*），属半知菌亚门真菌。分生孢子卵圆形至梨形，大小为3.2~12.8μm×3.2~9.6μm；分生孢子梗丛生。

三、发生规律

荚果染病先侵染败落的花，后扩展到荚果，病斑初淡褐至褐色后软腐，表面生灰霉。

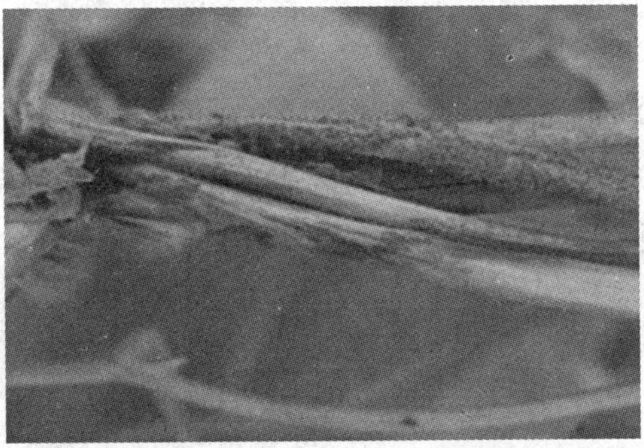

图3－6 豇豆灰霉病病茎

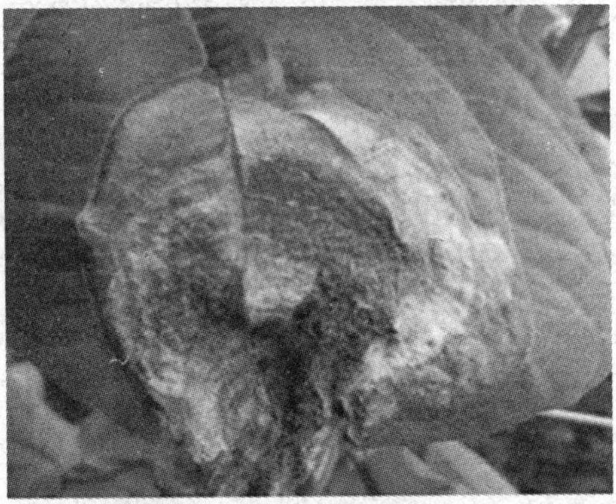

图3－7 豇豆灰霉病病叶

病菌以菌核在土壤中或以菌丝体及分生孢子在病残体上越冬。分生孢子借气流、雨水和农事操作传播。在气温20℃～25℃，高湿条件下易于发病。腐败的病荚、病叶、病花落在健康部位即可发病。

四、防治方法

（一）农业防治

及时清除病残体，在田外集中深埋或烧毁，防止再次侵染。

（二）药剂防治

可用 80% 腐霉利可湿性粉剂 1500 倍液，或 40% 嘧霉胺悬浮剂 1000 倍液等茎叶均匀喷雾，间隔 7 ~ 10 天喷施 1 次，连续喷施 2 ~ 3 次，采收前 3 天停止施药。

第六节　豇豆叶霉病

豇豆叶霉病又叫煤霉病，发生严重时叶片干枯、早落，造成较大损失。

一、为害症状

主要危害叶片，严重时可为害茎蔓及荚，发病初期在叶片表面生紫褐色斑点，扩大后呈近圆形褐色病斑，直径 0.5 ~ 2cm，病斑边缘不明显，潮湿时病斑表面密生煤烟状霉层（尤以叶片背面显著）。严重时使叶片干枯早落，仅留顶端嫩叶，病叶变小，病株结荚减少。

图 3 - 8　豇豆枯叶霉病，叶片正反面

二、病原物

病原菌为菜豆尾孢菌（*Cercospora cruenta* Sacc.），属半知菌亚门真菌。分生孢子梗丛生，褐色，具1～4个隔膜，大小多为15～52μm×2.5～6.2μm。分生孢子倒棒状，上端细，下端粗，淡褐色，具3～17个隔膜，大小27～127μm×2.5～6.2μm。可侵染豇豆、菜豆、蚕豆、豌豆、大豆等豆科作物。

三、发生规律

病菌以菌丝块在病残体上越冬，通过气流传播。高温、高湿利于发病，连作地发病严重。

四、防治方法

（一）农业防治

选用抗病品种；合理密植，保持田间通风透光，防止湿度过大，雨后及时排水。及时摘除发病初期病叶，收货后及时清除病残体，带出田外集中深埋或烧毁。

（二）药剂防治

发病前或发病初期可用30%苯甲·丙环唑乳油3000倍液，或50%异菌·福美双可湿性粉剂800倍液茎叶均匀喷雾防治。间隔7～10天防治1次，连续防治2～3次。

第七节　豇豆枯萎病

一、为害症状

病株根茎部皮层常裂开，剖视病株茎基部和根部，维管束组织变褐，严重时外部变黑褐色，根部腐烂。湿度大时病部表面出现粉红色霉层。

图3－9 豇豆枯萎病，根颈剖视

图3－10 豇豆枯萎病，发病植株

二、病原物

病原菌为尖孢镰孢菌（*Fusarium oxyspirum* E. F. Smith），属半知菌亚门真菌。

三、发生规律

病菌随病残体在土壤中越冬，连作地、土壤黏重、偏酸性、地势低洼的地块发病严重。

四、防治方法

（一）农业防治

与禾本科作物进行 3 年以上轮作，选择地势高干燥地块，采用高畦深沟栽培。

（二）化学防治

可用 30 噁霉灵水剂 500 倍液，或 50% 多菌灵·硫黄悬浮剂 600 倍液，或 50% 琥胶肥酸铜可湿性粉剂 400 倍液等喷淋根部，使药液沿茎流入土壤，隔 10 天 1 次，喷淋 2～3 次。

第八节　豇豆病毒病

豇豆病毒病以秋豇豆发病较重，发病率可达 70%～80%，对豇豆的产量和品质影响较大。

一、为害症状

根据病原的不同，豇豆病毒病有卷叶萎缩型、花叶斑驳型、明脉皱缩型 3 种。以花叶斑驳型为主。主要为害叶片，也可为害豆荚和种子。叶片受害，在新叶上表现黄绿相间的花斑形成花叶，老叶上通常不表现症状；豆荚受害，豆荚变色，畸形，种子较小；受害植株矮缩，发育不正常，病株生长点枯死。

二、病原物

此病主要由豇豆花叶病毒（Cowpea mosaic virus，简称 CPMV）、黄瓜花叶病毒（CMV）和蚕豆萎蔫病毒（Broad bean wilt virus，简称 BBMV）3 种病毒引起，可单独侵染危害，也可复合侵染。

三、发生规律

豇豆病毒传播途径主要有种子带毒传播，田间蚜虫、叶蝉等昆虫传播以及汁液接触传播。夏秋季节干旱易发病。缺水，蚜虫数量多的重茬地利于发病。

图3－11　豇豆枯病毒病，花叶

图3－12　豇豆病毒病，皱缩

四、防治方法

（一）农业防治

选用抗病品种；选用无病毒种子；加强田间管理，提高植株抗病力。

（二）药剂防治

1. 防治蚜虫。蚜虫是主要传毒昆虫，当成株期前发现蚜虫危害时，用 3% 啶虫脒乳油 1500 倍液，10% 吡虫啉 800 ~ 1000 倍液等药剂喷雾。

2. 防治病毒病。选用 3% 氨基寡糖素 1000 倍液，或 0.5% 几丁聚糖水剂 500 倍液，或 20% 盐酸吗啉胍 500 倍液，或 0.5% 菇类蛋白多糖水剂 300 倍液，或 8% 宁南霉素水剂 300 ~ 400 倍液等交替使用，茎叶均匀喷雾防治。间隔 5 ~ 7d 喷 1 次，连续 2 ~ 3 次，具有一定的增强植株抗性的作用，但无法彻底根除。

第九节　四季豆锈病

锈病是四季豆生产中常发的一种重要病害，特别在植株生长中后期的中下部叶片，发生严重时有数百至上千个孢子堆，严重影响叶片的光合作用，还造成水分大量蒸腾，叶片脱落，减产又降低质量。

一、为害症状

主要为害叶片。在四季豆生长中后期发生，病叶初期出现许多分散的褪绿小点，后稍隆起呈黄褐色疱斑（病菌的夏孢子堆），疱斑表皮破裂散出锈褐色粉末状物（此为病菌的夏孢子），在生长晚期会长出或转变为黑褐色的冬孢子堆。叶柄和茎部染病，严重时危害叶柄、蔓、茎和豆荚。生出褐色长条状突起疱斑（夏孢子堆），后转变为黑褐色的冬孢子堆。豆荚染病与叶片相似。

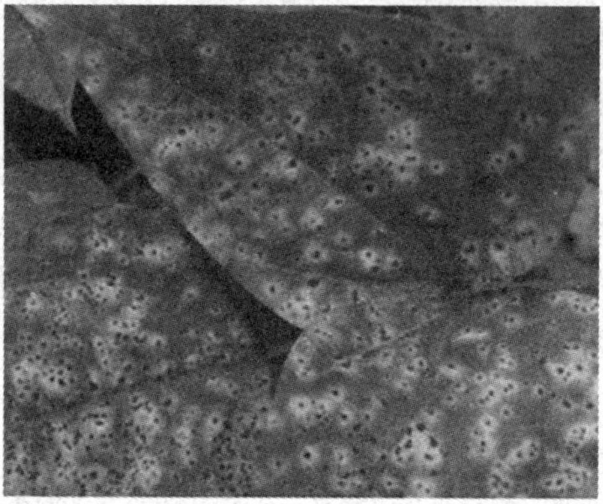

图 3－13　四季豆锈病

二、病原物

病原菌为疣顶单胞锈菌（*Uromyces appendiculatus*（Pers.）Ung.），属担子菌亚门真菌。夏孢单胞，浅黄色，椭圆形，表面有微刺，大小为 20～30μm×17.5～22.5μm。冬孢子单胞，褐色，近圆形，表面光滑，大小为 26～35.5μm×20～26μm。

三、发生规律

病菌以冬孢子随病残体越冬。田间主要通过气流传播。高温、多雨、结露时间长、天气潮湿利于锈病流行。地势低洼、土质黏重、排水不良、种植过密等地块发病严重。

四、防治方法

（一）农业防治

选用抗病品种，合理密植，收获后及时清除病残体，并集中深埋或烧毁，减少侵染菌源。

（二）药剂防治

发病前或发病初期病斑未破前进行防治，可用 15% 粉锈宁乳油 1000～2000 倍液，或 50% 萎锈灵水剂 800～1000 倍液，或40%氟硅唑乳油8000～10000倍液等茎叶均匀喷雾，间隔7～10天喷施1次，连续喷施2～3次。

第十节　四季豆炭疽病

一、为害症状

幼苗发病时，子叶上出现红褐色近圆形病斑，凹陷成溃疡状。幼茎上生锈色小斑点，后扩大成短条锈斑，常使幼苗折倒枯死。成株发病，叶片上病斑多沿叶脉发生，成黑褐色 多角形小斑点，扩大至全叶后，叶片萎蔫。茎上病斑红褐色，稍凹陷，呈圆形或椭圆形，外缘有黑色轮纹，龟裂。潮湿时病斑上产生浅红色黏状物。豆荚染病，初生褐色小点，可扩大至直径1cm的大圆形病斑，中心黑褐色，边缘淡褐色至粉红色，稍凹陷，易腐烂。

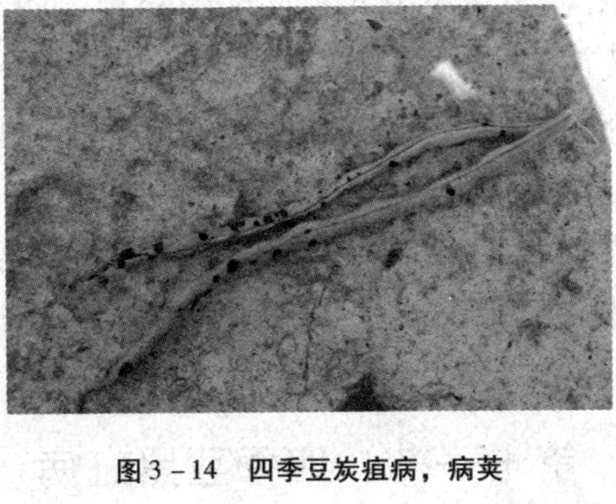

图3－14　四季豆炭疽病，病荚

二、病原物

病原为刺盘孢菌（*Colletotrichum lindemuthianum*（Sacc. et Magn.）Br. Et Cay），属半知菌亚门刺盘孢属真菌。分生孢子

盘圆形或近圆形，黑色，埋于寄主表皮下，后突破表皮外露。盘上散生黑色刺状刚毛，分生孢子梗短小、密集；分生孢子卵圆形或圆形，单胞，无色，两端钝圆。

三、发生规律

该病菌发育最适宜温度为17℃左右，湿度接近100%。温度低于13℃，高于27℃，相对湿度在90%以下时，病菌生育受抑制，病势停止发展。因此，温室内有露或雾大，易发此病。此外，栽植密度过大，地势低洼，排水不良的地块易发病。

四、防治方法

（一）农业防治

选用抗病品种，与非豆科作物实行轮作，发病后及时摘除病叶病荚。

（二）种子处理

播种前用种子重量0.4%的50%多菌灵可湿性粉剂或0.4%的50%福美双可湿性粉剂拌种；或用50%多菌灵可视性粉剂600倍液浸种30分钟，洗净晾干后播种。

（三）药剂防治

发病初期可用25%咪鲜胺乳油1500倍液，或25%吡唑醚菌酯乳油2000倍液，间隔7~10天喷施1次，连续喷施2~3次。

第十一节　四季豆黑斑病

一、为害症状

主要为害四季豆叶片，发病初期在侧脉间形成近圆形或不规则形病斑，后期病斑表面密生黑灰色霉状物。

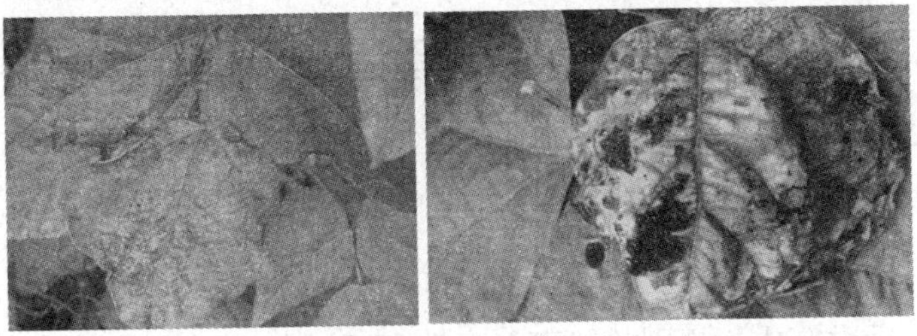

图 3－15　四季豆黑斑病，叶片症状

二、病原物

病原菌为芸苔链格孢菜豆专化型（*Alternaria brassicae* (Berk.) Sacc. Var. phaseoli Brun），属半知菌亚门链格孢属真菌。分生孢子梗单生或簇生，褐色，弯曲，具 1～7 个隔膜。分生孢子卵形、纺锤形或棒状，暗褐色，具1～6 个横隔，0～5 个纵隔。

三、发生规律

病菌以菌丝体或分生孢子丛随病残体在土壤中越冬，分生孢子随气流和雨水传播，温暖高湿环境利于病害发生。

四、防治方法

（一）农业防治

及时清除病残体，集中销毁，加强水肥管理，提高植株抗病性。

（二）药剂防治

发病初期可用 10% 苯醚甲环唑水分散粒剂 1000～1500 倍液，或 250g/L 嘧菌酯悬浮剂 2000～4000 倍液，或 430g/L 戊唑醇悬浮剂 2000 倍液等茎叶均匀喷雾，间隔 7～10 天喷施 1 次，连续防治 2～3 次。

第十二节　四季豆白粉病

一、为害症状

主要为害叶片，发病初期在叶片上产生近圆形粉淡黄色小点，后融合成不规则粉状斑，病部表面被白粉覆盖，严重时布满叶片，叶片枯死或脱了。后期可见针头大小的黑粒，即闭囊壳。

图3－16　四季豆白粉病，叶片症状

二、病原物

病原菌为菜豆单囊壳菌（*Sphaerotheca astragali* Junell var. *phaseoli* Z. Y. Zhao），属子囊菌门白粉属真菌。子囊果褐色，球形，散生或聚生，附属丝5～7根。

三、发生规律

病菌以闭囊壳随病残体在土表越冬，分生孢子随气流传播。在多雨或田间积水，植株过密情况下易发病。

四、防治方法

（一）农业防治

选用抗病品种，合理密植，避免植株徒长、过密，采用高畦栽培，雨后及时排水，及时清除病叶。

（二）药剂防治

发病初期可用10%苯醚甲环唑水分散粒剂1000～1500倍液，或400g/L氟硅唑乳油10000～12500倍液，或43%戊唑醇悬浮剂4000～6000倍液等茎叶喷雾，间隔7～10天喷施1次，连续防治2～3次。

第十三节　豌豆褐纹病

一、为害症状

主要为害叶片，也可为害茎和荚，叶片染病病斑呈近圆形或不规则形，有的呈深褐色不规则轮纹斑，中央坏死处产生黑色小点，即病菌子囊壳或分生孢子器。叶柄及茎染病不形成轮纹，后病斑中央凹陷。病菌可从荚果侵入种子内部。

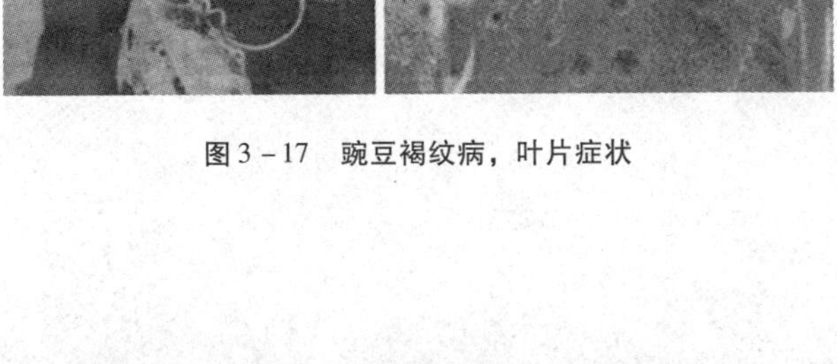

图3－17　豌豆褐纹病，叶片症状

二、病原物

病原为豌豆小球腔菌（*Mycosphaerella pinodes*（Berkeley et Bloxam）Stone），属子囊菌亚门真菌。无性阶段为豆类壳二孢（*Ascochyta pinodes*（Berk Et blox）Jones），属半知菌亚门真菌。子囊壳球形，黑色或黑褐色；子囊长圆筒形，无色，大小55～64×14μm；子囊孢子纺锤形，无色，大小14～18×8μm，具1隔膜，分生孢子器圆球形至扁球形，黑褐色，大小80～130×70～80μm，分生孢子卵圆形至长椭圆形，双胞，无色，大小12～17×3.5～5.5μm，本菌发育适温25℃，最高34℃，最低5℃。除侵染豌豆外，还可侵害甜豌豆、苜蓿、苕子等。

三、发生规律

病菌主要以菌丝体或分生孢子在种子上，或随病残体在田间越冬。分生孢子随雨水传播，冷凉、高湿条件利于发病。

四、防治方法

（一）农业防治

与非豆科作为轮作；选用无病种子或用50℃温水浸种5分钟，再放入冷水中冷却、晾干，播种；及时清除田间病残体减少越冬菌源。

（二）药剂防治

发病初期可用40%多菌灵·硫黄悬浮剂600～800倍液，或70%甲基硫菌灵可湿性粉剂600～800倍液茎叶均匀喷雾，间隔7～10天防治1次，连续防治2～3次。

第十四节　豌豆白粉病

一、为害症状

主要为害叶片，发病初期叶面出现白粉状淡黄色小点，后扩大呈不规则粉斑，病部表面被白粉覆盖，严重时叶片迅速枯黄。

图3－18　豌豆褐纹病，叶片症状

二、病原物

病原为豌豆白粉菌（*Erysiphe pisi* DC.），属子囊菌亚门真菌。分生孢子柱形，单胞，大小为25.4～38.1μm×12.7～17.8μm；子囊壳扁球形，暗褐色,；附属丝丝状，12～34根；子囊5～8个，卵形，55.9～76.2μm×35.6～43.2μm

三、发生规律

病菌以闭囊壳随病残体在土表越冬，分生孢子随气流和雨水飞溅传播。

四、防治方法

（一）农业防治

选用抗病品种；加强水肥管理，提高植株抗病力，及时摘除病叶集中烧毁。

（二）药剂防治

发病初期可用25%戊唑醇水乳剂3000倍液，或10%苯醚甲环唑水分散粒剂1000～1500倍液，或400g/L氟硅唑乳油10000～12500倍液茎叶均匀喷雾，间隔7～10天防治1次，连续防治2～3次。

第四章　茄果类蔬菜病害识别与绿色防控

第一节　番茄猝倒病

番茄猝倒病由瓜果腐霉（*Pythium aphanidermatum*）引起，是番茄苗期主要病害，冬、春季苗床上发生较为普遍。条件适宜时，病苗上可产生孢子囊和游动孢子，借雨水、灌溉水、带菌粪肥、农具、种子传播。土温在 15℃ ~16℃ 时病菌快速繁殖。苗床土壤低温高湿极易诱发此病。严重时可引起大面积死苗。

一、为害症状

该病主要发生在幼苗上。发病初期呈水渍状病斑，然后变黄褐色，缢缩倒伏。最初发病时，白天凋萎，夜间仍能恢复，如此 2 ~3 天后，才出现猝倒症状。潮湿时被害部位产生白色霉层或腐烂。

二、病原物

病原物为瓜果腐霉（*Pythium aphanidermatum*），属卵菌。丝状菌丝，无分隔，菌丝上产生不规则形、瓣状或卵圆形孢子囊。孢子囊萌发产生有双鞭毛的游动孢子。

图 4-1 番茄猝倒症状

三、发生规律

病菌以卵孢子或菌丝随病残体在土壤中越冬，并可在土壤中长期存活。主要靠雨水或喷淋传播，病菌在土温 15℃～16℃时繁殖最快，适宜发病地温为 10℃，故当苗床温度低，幼苗生长缓慢，湿度大时利于发病。光照不足，播种过密，幼苗徒长往往发病较重。当幼苗皮层木栓化后，真叶长出，则逐步进入抗病阶段。

四、防治方法

（1）选择地势较高，地下水位低，排水良好，土质肥沃的地块做苗床。有机肥要充分腐熟，均匀撒施。加强苗床管理，土温保持在 16℃以上，注意提高地温，降低土壤湿度，适当增强光照，防治幼苗徒长。出苗后尽量不浇水，必要浇水时选择晴天喷洒，切忌大水漫灌。冬天阴雪天要提温降湿。

（2）选着适应当地的抗性品种。

（3）在播种前 15～20 天，每平方米苗床用 40% 的拌种灵粉剂加 50% 福美双粉剂 1:1 混合或用 40% 拌种双粉剂每平方米用药 8g，对细干土 40kg，充分混匀后备用，播种前先浇透底水，待水渗下后，取 1/3 拌好的药土撒在床面上，然后再把催好芽的种子播好，最后把余下的2/3药土覆盖在种子上，覆土厚约1cm，使种子夹在药土中间，此法即可防治猝倒病，又可兼治立枯病。

（4）选用无滴膜盖棚室，改善光照条件，增加光照强度，以利光合作用提高幼苗抗病力。

（5）发病初期及时进行药剂防治，可用72%霜脲·锰锌可湿性粉剂600倍液，或53%精甲霜·锰锌水分散粒剂600～800倍液，或70%丙森锌可湿性粉剂600倍液+70%代森联干悬浮剂600倍液，或69%烯酰·锰锌可湿性粉剂1000倍液，或25%吡唑嘧菌酯乳油3000倍液，或30%噁霉灵水剂2000倍兑水浇灌，视病情间隔7～10天喷施1次。

第二节　番茄灰霉病

番茄灰霉病由灰葡萄孢菌（*Botrytis cinerea*）引起，是番茄上发生普遍的一种重要病害。发病时间早，危害时间长，一般减产20%～30%，严重时可减产50%以上。该病菌寄主范围较广，除侵染茄科蔬菜外，还可侵染瓜类、甘蓝、菜豆、莴苣、洋葱、苹果等作物，引起灰霉病。

一、为害症状

主要危害果实，也可以侵害叶片和茎等部位。果实受害一般先从残留的花瓣、花托等处开始，出现水浸状灰褐色病斑，逐渐发展成湿腐，可使1/3以上的果实腐烂，病部长出一层灰色霉层，此为病菌的分生孢子梗和分生孢子。一般幼果发病较多，但即将转熟的大果也可受害。叶片受害，多从叶尖或叶缘开始，产生水浸状灰褐色病斑，可造成叶片湿腐萎蔫。茎部受害，产生椭圆形或不规则长条状、灰褐色病斑，湿度大时，病部长出灰色霉层，严重的可导致病部以上的茎、叶枯死。

图 4－2　番茄灰霉病花器症状

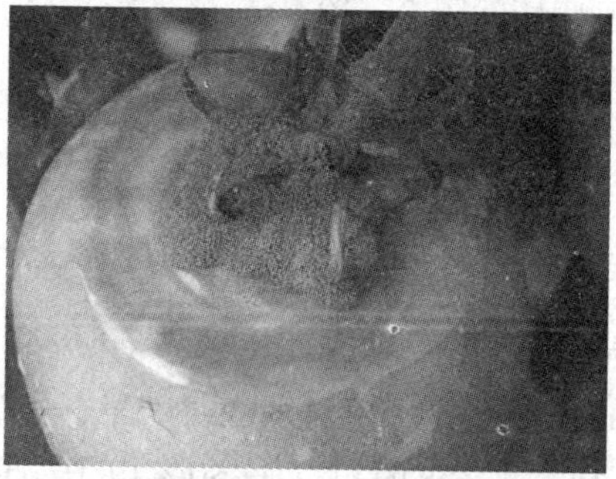

图 4－3　番茄灰霉病果实症状

图 4－4　番茄灰霉病叶部症状

二、病原物

病原菌为灰葡萄孢菌（*Botrytis cinerea*），属半知菌亚门真菌。分生孢子梗分枝或不分枝，分生孢子卵圆形或宽梨形。

三、发生规律

病菌主要以菌核（寒冷地区）或菌丝体及分孢梗（温暖地区）随病残体遗落在土中越夏或越冬，条件适宜时，萌发菌丝，产生分生孢子，借气流、雨水和人们生产活动进行传播。分生孢子依靠气流传播，从寄主伤口或衰老器官侵入致病。在寡照条件下，空气湿度90%以上时，20 ℃ ~ 23 ℃最易发病。

四、防治方法

（1）棚室内，通过放风来调控大棚内温湿度，尽量减少叶面结露、降低湿度。同时保持棚内温度在20℃ ~28℃，棚温降至20℃时要关闭通风口，夜晚温度保持在15℃左右。

（2）及时摘除病花、病果、病叶，集中高温堆沤或深埋，避免传病。大棚内采用地膜覆盖，避免大水漫灌，浇水后及时通风降温。

（3）发病初期应及时进行药剂防治，可用50%腐霉利可湿性粉剂 800 ~ 1500 倍液 + 70% 代森联干悬浮剂 600 倍液；50% 异菌脲悬浮剂 800 ~1000 倍液；40% 嘧霉胺悬浮剂 800 倍液，或 50% 啶酰菌胺水分散粒剂 2000 倍液，或 42.4% 唑醚・氟酰胺悬浮剂兑水均匀喷雾防治，视病情间隔 7 天左右防治 1 次。

第三节　番茄晚疫病

番茄晚疫病由致病疫霉菌（*Phytophthora infestans*）引起，

是番茄生产中的重要病害之一，在潮湿多雨的南方地区和保护地番茄上为害严重，一般减产 10% ~30%，严重时可达 80%，甚至绝产。

一、为害症状

该病菌可侵染番茄幼苗、叶片、茎和果实。幼苗发病，叶片出现水浸状病斑，叶柄腐烂，呈黑褐色，茎基部缢缩，幼苗萎蔫或倒伏。成株期发病，叶片表面出现褐色病斑，空气湿度大时，叶背面病斑出现稀疏白色霉层。茎和叶柄出现褐色凹陷病斑，后变成黑褐色，腐烂，植株萎蔫。果实上出现不规则暗褐色病斑，稍凹陷。空气湿度大时，病斑长出少量白霉。

二、病原物

病原菌为致病疫霉菌（*Phytophthora infestans*），属卵菌。丝状菌丝，有分隔。分生孢子梗 3 ~5 根丛生成束，从气孔或病部表皮伸出，线状，大小为 112 ~456μm ×3 ~4μm。分生孢子为无色透明，鸭梨型。成熟孢子有 2 ~3 个隔膜，大小为 17 ~33μm ×6. 5 ~11μm。

图 4 –5　番茄晚疫病叶背症状

图 4-6　番茄晚疫病叶正面症状

图 4-7　番茄晚疫病茎秆症状

图 4-8　番茄晚疫病果实症状

三、发生规律

病菌以卵孢子随病残体在土壤中越冬，也可在马铃薯块茎中越冬。病菌主要靠气流、雨水和灌溉水传播，先在田间形成中心病株，条件适宜，引起全田病害流行。温度在 18℃ ~ 20℃，最适相对湿度 80% 以上，易发晚疫病。多雨低温天气持续时间长，病害即有可能大发生或大流行。此外，种植感病品种，种植带病苗，偏施氮肥，定植过密，田间易积水的地块，易发病。

四、防治方法

（1）根据当地实际情况，选择抗病品种。

（2）加强田间管理，合理使用氮肥，增施磷钾肥。

（3）合理密植，及时整枝打叉，加强通风透光。

（4）药剂防治。该病发生蔓延较快，发现病株应及时防治，可用 687.5g/L 氟菌霜·霉威 800 ~ 1200 倍液，或 52.5% 噁铜·霜脲氰水分散粒剂 1500 ~ 2000 倍液，或 40% 精甲·丙森锌可湿性粉剂 1000 ~ 1500 倍液，或 72% 霜脲·锰锌可湿性粉剂 600 ~ 800 倍液，或 250g/L 嘧菌酯悬浮剂 1200 ~ 1500 倍液 + 70% 代森锰锌可湿性粉剂 500 ~ 800 倍液，或 100g/L 氰霜唑悬浮剂 1000 ~ 1500 倍液 + 75% 百菌清可湿性粉剂 600 ~ 800 倍液，或 60% 唑醚·代森联水分散粒剂 1000 ~ 1500 倍液，或 68% 精甲霜·锰锌水分散粒剂 800 ~ 1500 倍液；兑水均匀喷雾防治，视病情间隔 5 ~ 7 天喷施 1 次。

第四节　番茄早疫病

番茄早疫病由茄链格孢菌（*Alternaria solani*）引起，是一种世界性病害，在美国、澳大利亚、印度、希腊等地发病率都很高，为害严重时可减产 35% ~78%。该病菌除了为害番茄外，还能够为害马铃薯、茄子、辣椒等。

一、为害症状

图 4-9　番茄早疫病叶片症状

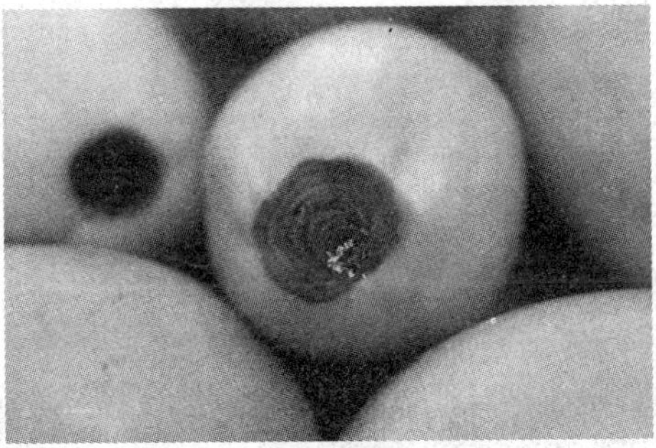

图 4-10　番茄早疫病果实症状

主要侵染叶片，也可侵染幼苗、花、茎和果实。幼苗发病，在病苗茎部产生黑褐色病斑，稍凹陷有轮纹。成株期发病，叶片上出现针尖大小的黑点，后扩展呈黑褐色轮纹斑，边缘多具淡绿色或黄色晕环，空气湿度大时病斑处有黑色霉层，严重时叶片变黄干枯。茎部病斑多分布在枝杈处及叶柄基部，呈褐色至深褐色近圆形或椭圆形，稍凹陷，有同心轮纹。青果上病斑多始于花萼附近，呈椭圆形或不规则形黑褐色斑，稍凹陷，有同心轮纹，后期病部表面密生黑色霉层。

二、病原物

病原菌为茄链格孢菌（*Alternaria solani*），属半知菌亚门真菌。菌丝丝状，有隔，分生孢子梗单生或簇生，筒状，暗褐色，1～7个分隔。分生孢子棒状，顶端有细长嘴孢，黄褐色，有纵横隔膜。

三、发生规律

病菌在土壤中或种子上越冬，借气流或雨水传播，病菌可在田间进行多次再侵染，结果盛期发病严重。在气温20℃～25℃，相对湿度80%以上或阴雨天气，病害易流行。重茬地、低洼地、瘠薄地、浇水过多或通风不良地块发病较重。

四、防治方法

（1）选用抗病品种。

（2）实行与非茄科作物2～3年轮作，避免与土豆、辣椒连作。

（3）加强田间管理，施足腐熟的有机肥，合理密植，及时整枝打叉，拉秧后及时清除植株残体。

（4）种子处理：播种前用50℃～55℃温水浸泡种子30min，捞出晾干后播种，或2%阿司米星等药剂浸种消毒处理，然后再播种。

（5）药剂防治：500g/L异菌脲悬浮剂1000倍液；60%唑醚·代森联水分散粒剂1000～1500倍液；52.5%异菌·多菌灵可湿性粉剂800～1200倍液；560g/L嘧菌酯·百菌清悬浮剂800～1000倍液；兑水均匀茎叶喷雾，视病情间隔7天喷施1次。

第五节　番茄枯萎病

番茄枯萎病又称萎蔫病，由番茄尖镰孢菌番茄专化型（*Fusarium oxysporum* f. sp. Lycopersici Snyder et Hansen）引起，是一种重要的土传病害

一、为害症状

图4－11　番茄枯萎病症状

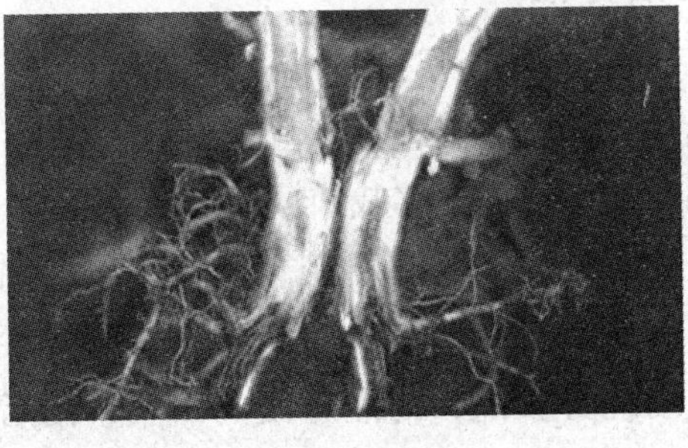

图4－12　番茄枯萎病根部症状

一般在开花结果期发病，盛果期病株枯死。发病植株先从下部叶片开始黄萎枯死，然后向上蔓延，严重时整株叶片枯死，但不脱落。茎部纵剖，可见维管束变褐，但没有白色黏液

流出，有别于青枯病。

二、病原物

病原菌为番茄尖镰孢菌番茄专化型（*Fusarium oxysporum* f. sp. *Lycopersici* Snyder et Hansen），属半知菌亚门真菌。分生孢子有大小两型：小型分生孢子卵形至长椭圆形，无色单胞，大小 5 ~ 14μm × 2 ~ 4. 5μm。大型分生孢子镰刀形或长纺针锤形，无色，多数有 3 个分隔，大小 19 ~ 45μm × 3 ~ 5μm。厚坦孢子在菌丝上顶生或间生，圆形至椭圆形，单生，黄褐色，大小 11. 2 ~ 15. 0μm × 9. 5 ~ 11. 2μm。

三、发生规律

枯萎病属土传病害，也可通过带菌种子进行远距离传病。病菌多从根系伤口、自然裂口、根毛侵入，到达维管束，在维管束内繁殖，堵塞导管，导致叶片萎蔫、枯死。高温高湿有利于病害发生。土温 25℃ ~ 30℃，土壤潮湿、地下害虫多、排水不良地块发病重。

四、防治方法

（1）选用抗病品种，选用无病、包衣种子。

（2）选用无菌营养土进行育苗。

（3）加强田间管理，移栽前或收获后，清除田间病残体，并集中烧毁或沤肥；增施有机肥、磷钾肥，提高作物抗病能力。

（4）选用地势较高，排灌方便的田块，雨后及时排除田间积水，降低田间湿度。

（5）药剂防治，该病为土传病害，发现病株后应及时拔除并对原穴进行杀菌处理，发病初期的病株可以采用 80% 乙蒜素乳油 2000 倍液；80% 嗯霉．福美双可湿性粉剂 600 ~ 800

倍液兑水灌根，每株灌药 300～500mL 视病情 5～7 天灌根 1 次。

第六节　番茄青枯病

番茄青枯病由青枯劳尔氏菌（*Ralstnia solanacearum*）引起，是一种毁灭性土传病害，是世界上危害最大、分布最广、造成损失最严重的植物病害之一。青枯病菌是一个复杂的群体，细菌学特性差异很大，增加了对该病害防治的难度，至今尚没有理想的化学农药和其他防治办法。

一、为害症状

青枯病是一种系统性病害，能够导致病株全株萎蔫；发病初期，白天萎蔫，傍晚复原，叶片颜色变浅。病株茎部表皮粗糙，茎中下部生出不定根或不定芽，病茎维管束变褐。发病后，土壤干燥，气温偏高时，2～3 天全株萎蔫，低温，土壤含水量较高时，病株可持续 1 周后萎蔫，但叶片仍为绿色，故称为青枯病。挤压横切的病茎有白色菌液溢出，这有别于枯萎病和黄萎病。

图 4－13　番茄青枯病田间症状

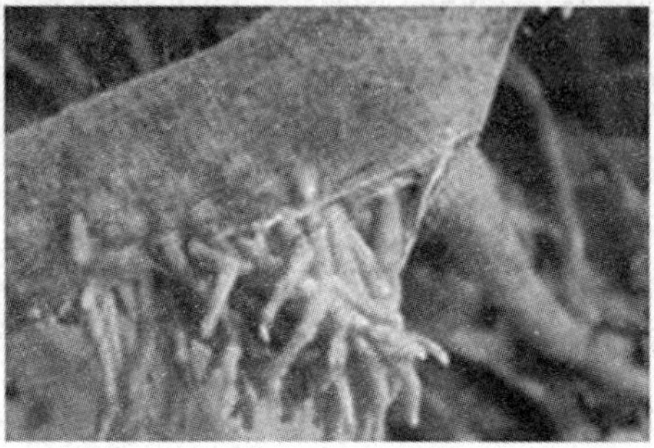

图 4－14　番茄青枯病茎部生出的不定根、芽

二、病原物

病原菌为青枯劳尔氏菌（*Ralstnia solanacearum*），属细菌。

三、发生规律

病菌主要随病残体在田间越冬，主要通过雨水和灌溉水传播。病菌从根部或茎基部伤口侵入，在植株体内的维管束组织中扩展，造成导管堵塞及细胞中毒致叶片萎蔫。高温高湿有利于发病。

四、防治方法

（1）实行轮作，如水旱轮作或与十字花科、禾本科轮作。

（2）深耕翻地，采用高垄栽培，避免大水漫灌，防止田间积水。

（3）加强田间管理，播种前拉秧后清除田间病残体并集中烧毁或沤肥，合理使用氮肥，增施磷钾肥，发现病株及时清除烧毁，并在病穴处撒生石灰消毒。

（4）发病初期及时施药防治，可用 10 亿 CFU/克多粘类芽孢杆菌可湿性粉剂 440～680 克/亩；3% 中生菌素可湿性粉剂 800～1000 倍液；3000 亿个/克荧光假单胞杆菌粉剂 437.5～550 克/亩；20% 噻森铜悬浮剂 1500～2500 倍液；灌根处理，每株灌药 300 ~ 500mL，视病情间隔 10 天灌根 1 次。

第七节　番茄细菌性溃疡病

番茄细菌性溃疡病由密执安棒形杆菌密执安亚种（*Clavibacter michiganensis* subsp. *michiganensis*）引起，是番茄生产中的毁灭性病害之一，世界各番茄主产区均有发生，发病严重时损失可达 80% 以上。

一、为害症状

图 4 – 15　番茄细菌性溃疡茎部症状

图 4 – 16　番茄细菌性溃疡茎部不定根和疣状突起

它是一种维管束系统病害，全生育期均可发病。幼苗期，病株叶片萎蔫，横切茎可见维管束变褐，髓部中空；成株期，病株叶片边缘枯萎、植株矮化、茎秆开裂呈溃疡状，可见维管束变褐，茎秆稍微变粗，生出不定根或疣刺，湿度大时有菌脓溢出；果实上发病产生疣状凸起。

二、病原物

病原菌为密执安棒形杆菌密执安亚种（*Clavibacter michiganensis* subsp. *michiganensis*），属细菌。

三、发生规律

病菌在种子和病残体上越冬。病菌主要由伤口侵入寄主。病菌侵入寄主后，经维管束进入果实的胚，侵染种子脐部或种皮，使种子带病。病菌可随种子远距离传播。田间主要借雨水、灌溉、整枝打叉传播。温暖潮湿的气候，有利于病害发生。

四、防治方法

（1）实行轮作，如水旱轮作或与十字花科、禾本科轮作。

（2）深耕翻地，采用高垄栽培，避免大水漫灌，防止田间积水。

（3）种子处理，选用包衣种子或对种子进行包衣处理，若种子没有包衣可用55℃温水浸种15min，或用0.5%次氯酸钠浸种20～40分钟，浸种后用清水洗掉药液，进行催芽。

（4）药剂防治，可用46%氢氧化铜水分散粒剂1000～1500倍液；20%噻森铜悬浮剂400倍液兑水全株喷雾，视病情间隔5～7天喷施1次。

第八节　番茄叶霉病

番茄叶霉病由褐枝孢菌 *Fulvia fulva*（*Cooke*）*Ciferri* 引起，该病菌除了导致叶片病斑，还可侵染果实，影像番茄产量和质量，造成严重损失。一般可引起 10% ~25% 的产量损失，严重的可达到 50% 以上甚至绝收。

一、为害症状

图 4－17　番茄叶霉病叶正面症状

图 4－18　番茄叶霉病叶背面症状

主要危害叶片，严重的也可危害茎秆和果实。发病初期，叶正面出现椭圆形或不规则褪绿斑，叶背面灰褐色浓密霉层；发病严重时病叶向上卷曲，呈黄褐色干枯；湿度大时，叶片正面病斑也可长出霉层。

二、病原物

病原菌为褐枝孢菌（*Fulvia fulva*（*Cooke*）*Ciferri*），属半知菌亚门真菌。分生孢子梗成束，有分枝，1～10 个隔膜；分生孢子串生，圆柱形或椭圆形，单胞，一个隔膜。

三、发生规律

病菌以菌丝体和分生孢子梗在土壤中越冬，也可以分生孢子在种子上越冬。借气流传播，最适发育温度为 20℃～25℃。高温高湿条件利于发病，密植通风不良，湿度过大，发病严重。

四、防治方法

（1）因地制宜，选用抗病品种。

（2）加强栽培管理，保护地栽培时，控制温湿度，增强光照，防止高湿低温，改善浇水方式，覆盖地膜，使用无滴膜，合理调控棚内相对湿度，是其维持在 85% 以下，减轻病害的发生。露地栽培时，合理密植，及时整枝打叉，适度摘除底部老叶，雨后及时排除积水，增施磷钾肥，避免偏施氮肥。

（3）药剂防治，可用 50% 腐霉利可湿性粉剂 1000 倍液 + 70% 甲基硫菌灵可湿性粉剂 800～100 倍液；250g/L 嘧菌酯悬浮剂 800～1000 倍液；10% 多抗霉素可湿性粉剂 500 倍液 + 70% 甲基硫菌灵可湿性粉剂 800～1000 倍液；25% 甲硫·腈菌唑可湿性粉剂 500～800 倍液；10% 氟硅唑水乳剂 4000 倍液；兑水茎叶喷雾，视病情间隔 7 天左右喷施 1 次。

第九节　番茄灰叶斑病

番茄灰叶斑病由 *Stemphylium solani* Weber 引起，在世界范围内均有发生，而温暖潮湿地区发生严重。该病菌主要侵染番茄、马铃薯、豇豆、莴苣等作物，病菌随病残体在土壤中越冬或潜伏在种子上越冬。

一、为害症状

该病只为害叶片，幼叶和老叶均可发病，发病初期叶面布满圆形或近圆形小斑点，后扩展呈不规则形，病斑中央淡褐色，病斑稍凹陷，变薄，后期易破裂、穿孔。叶缘发病，病斑深褐色呈不规则形，后沿叶缘连成片状。为害严重时，全部叶片变黄脱落。

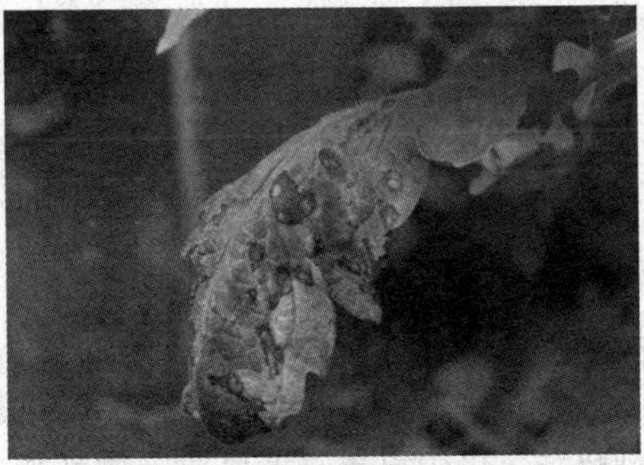

图 4－19　番茄灰叶斑症状

二、病原物

病原菌为茄匐柄霉（*Stemphylium solani* Weber），属半知菌亚门真菌。分生孢子梗单生或簇生，有隔膜。分生孢子椭圆形或短棒形，有纵横分隔，无喙或具短喙。

三、发生规律

病菌可随病残体在土壤中或种子上越冬。借风雨传播，温暖潮湿的阴雨天或结露时间长，利于发病。

四、防治方法

（1）加强田间管理，收获后及时清除病残体，增施腐熟优质有机肥及磷钾肥。

（2）药剂防治，发病后及时防治，可用10%苯醚甲环唑水分散粒剂2000倍液+70%代森锰锌可湿性粉剂600~1000倍液，或50%异菌脲可湿性粉剂1500倍液，或50%啶酰菌胺水分散粒剂2000~3000倍液兑水茎叶喷雾防治，视病情间隔5~7天喷施1次。

第十节　番茄病毒病

番茄病毒病的毒源有20多种，主要有烟草花叶病毒、黄瓜花叶病毒、番茄黄化曲叶病毒烟草曲叶病毒等。可以通过种子、汁液接触、突然重病残体、田间昆虫等传播。

一、为害症状

花叶型，发生较普遍，病叶上产生黄绿相间现象，叶片略微皱缩，植株略矮，果实变小呈花脸型。厥叶型，植株矮化，顶端叶片细长，中下部叶片向上卷曲，侧枝发生蕨叶状小叶，节间缩短，呈丛枝状。黄化曲叶型，植株矮化，生长缓慢或停滞，顶部叶片褪绿发黄、变小，向上卷曲，叶片变厚、变脆，早期染病，花果异常，后期染病果实变小，着色不均匀。条斑型，一般发生在茎秆、果实、叶片上，在茎和果实上表现为黑褐色病斑，病斑不深入茎或果实内部；叶片上有时呈深绿色和浅绿色相间的花叶状，这种类型的症状往往是在高温条件下发生，特别是混合病毒侵染时更易出现。

图 4－20　番茄病毒病花叶型

图 4－21　番茄病毒病蕨叶型

图 4－22　番茄病毒病黄化曲叶型

图 4－23　番茄病毒病条斑型

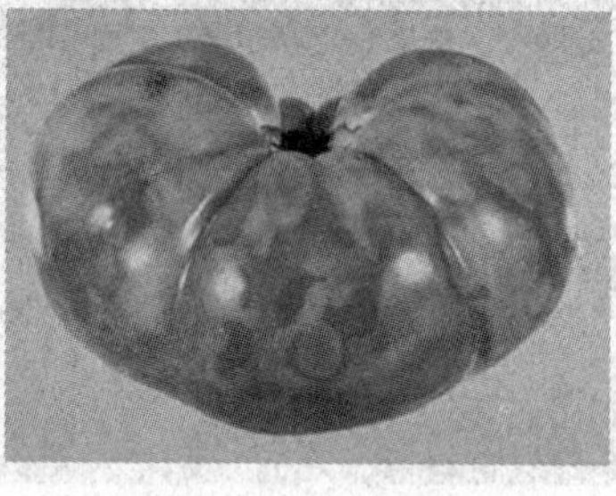

图 4－24　番茄斑萎病毒

二、病原物

病原物有 20 多种，主要有烟草花叶病毒（*Tobacco mosaic virus*，TMV）、番茄黄化曲叶病毒（*Tomato yellow leafcurl virus*，TYLV）、番茄斑萎病毒（*Tomato spotted wilt virus*，TSWV）、马铃薯 Y 病毒（*Potato virus Y*，PVY）等。

三、发生规律

番茄病毒可在多年生宿根植物或杂草上越冬，种子也能带毒。主要通过汁液接触传染，可通过蚜虫等传毒昆虫传播，种子传播。一般蚜虫等传毒昆虫发生严重的田块利于病毒病发生，一般高温干旱天气利于发病。

四、防治方法

（1）选用抗病品种，不同品种间抗病毒能力差异明显，应根据当地情况选择适合的抗病品种。

（2）加强田间管理，播前拉秧后清除病残体并深翻土壤减少病原，底肥增施磷钾肥，生长期喷施叶面肥，促使植株健壮提高抗病能力。

（3）种子处理，播种前浸种3～4h，捞出再用10%磷酸三钠溶液浸种20min，冲洗后催芽。

（4）及时防治蚜虫、烟粉虱等传毒昆虫，降低虫传病毒的发生机会。

（5）药剂防治，一般在发病前或发病初期进行药剂防治，减缓病毒病蔓延和危害，可用0.5%香菇多糖水剂300倍液；0.5%几丁聚糖水剂300～500倍液；0.5%葡聚烯糖粉剂300倍液；20%盐酸吗啉胍·乙酸铜可湿性粉剂500倍液，兑水茎叶喷雾，视病情间隔5～7天喷施1次。

第十一节　番茄根结线虫病

根结线虫（*Meloidogyne* spp.）是一种重要的植物根系专性内寄生线虫，可侵染单子叶植物、双子叶植物和草本植物的114个科3000多种植物，在茄科、葫芦科、十字花科植物上危害最为严重，一般可造成10%～20%减产，严重时可达75%以上。主要有4种根结线虫危害最重，分别是南方根结线虫（*M. incognita*）、爪哇根结线虫（*M. javanica*）、花生根结线虫（*M. arenaria*）和北方根结线虫（*M. hapla*），在我国，南方根结线虫多数省份均有发生，为优势种。

一、为害症状

主要危害根部，根系发育不良、肥肿、畸形，形成大小不等的瘤状物，剖开瘤状物，镜检可见乳白色线虫。根瘤上可长出细小的新根，线虫再侵染后又产生新的根瘤。受害较轻时，地上部通常无明显症状，受害严重时，植株矮化、黄化或萎蔫，类似缺水缺乏症状。

图 4－24　番茄根结线虫根部症状

图 4－25　番茄根结线虫根部症状

二、病原物

病原物为南方根结线虫（*M. incognita*），属动物界线虫门。幼虫细长蠕虫状，雌虫卵圆形或鸭梨形，体形不对称，颈部通常向腹面弯曲，排泄孔位于口针基部球处。雄虫细长，虫体透明，交合刺细长，末端尖，弯曲成弓状。

三、发生规律

根结线虫以幼虫或卵在土壤中越冬，根结线虫发育到4龄时交尾产卵，雄虫离开寄主后很快死亡。根结线虫最适生存温度为25℃～30℃，土壤湿度适合蔬菜生长，也适于根结线虫活动。

四、防治方法

（1）根据当地情况选用合适的看病品种。

（2）采用高温闷棚防治保护地根结线虫，地温49℃以上，可以杀死土壤中的根结线虫和大部分土传病害的病原物。

（3）药剂防治，10%噻唑膦颗粒剂2250～3000克/公顷土壤撒施，15%阿维·吡虫啉微囊悬浮剂675～900克/公顷沟施，10×10^{8}CFU/mL蜡质芽孢杆菌67.5～90L/公顷制剂灌根，视病情间隔7天左右防治一次。

第十二节　番茄炭疽病

番茄炭疽病由番茄刺盘孢（*Colletotrichum coccodes*）引起，该菌以菌丝块遗留在地表越冬。种子也能带菌。多从伤口侵入，由风、雨、昆虫等传播危害。

一、为害症状

主要危害成熟果实。病菌有潜伏浸染特性，着色前果实染病后并不显出症状，直到成熟时才表现出症状。病部初生水渍状透明的小斑点，扩大后呈黑色，稍凹陷，有同心轮纹的圆斑，表面密生黑色小粒点。潮湿时在病斑上分泌出红色黏质物。最后导致病果腐烂和脱落。

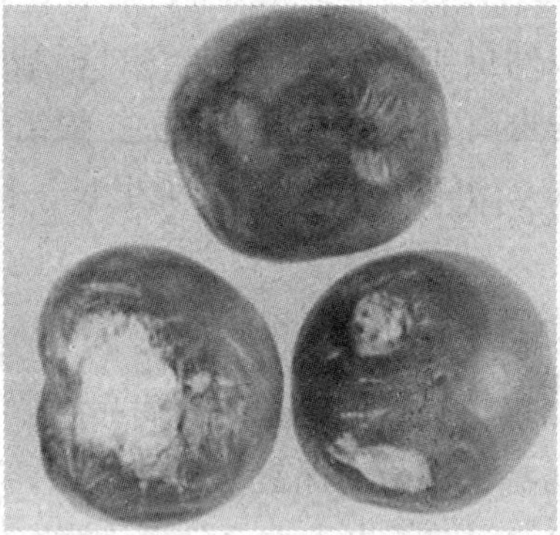

图 4－26　番茄炭疽病果实症状

二、病原物

病原菌为番茄刺盘孢（*Colletotrichum lycopersici*；*Colletotrichum coccodes*；*Colletotrichum truncatum*），属于半知菌亚门真菌。分生孢子盘，丛生，初埋生于表皮下，后突破表皮而外露，直径 90～150μm，孢子盘上多刚毛，灰褐色，65～112×5μm。分生孢子圆筒形、单胞、无色，16～22×4μm，内有 1～2 个油球。

三、发生规律

病菌以菌丝体和分生孢子盘在病残体上越冬，主要借气流，雨水溅散，灌水以传播；病菌的菌丝体可以在种子内越冬，也可通过种子远距离传播。炭疽病有潜伏浸染现象，幼果期病菌侵染果实容易，但幼果水分少，酸度高，外界温度条件也不适宜时，病菌侵入后呈扩展慢或不扩展的潜伏状态，不显症状；待果实接近成熟时，果实内外田间适宜，症状就显现出来。

四、防治方法

（1）选用无病种子，播种前进行种子消毒，用 55℃ 温水浸种 30 分钟。

（2）加强管理，避免田间高温高湿条件出现，及时清除病果。

（3）药剂防治，发现病斑应及时用药，可用 25% 苯醚甲环唑悬浮剂 1000 ~ 2000 倍液；32% 苯甲 · 嘧菌酯悬浮剂 1000 ~ 1500 倍液；兑水均匀茎叶喷雾，视病情间隔 7 天喷施 1 次。

第十三节 番茄褐斑病

番茄芝麻斑病又称褐斑病，主要侵染叶片，严重时也侵染叶柄、果梗和果实。

一、为害症状

主要侵染叶片。叶上初生直径 1 ~ 10mm 圆形或近圆形四周明显的灰褐色病斑，病部变薄凹陷，具光亮，叶背尤为明显，别于其他叶斑病。大斑有时出现轮纹、湿度高时长有深褐色霉状物；叶柄，果梗染病，病斑灰褐色凹陷，湿度大时长出黑霉；病斑大小不等，有时呈条状。

二、病原物

病原菌为番茄长蠕孢（*Helminthosporium catrposaprum* Pollack），属半知菌亚门丝孢纲长蠕孢属真菌。分生孢子梗丛生、细长，梗基部几节稍彭大，分生孢子圆筒形或棒状，淡黄褐色，着生在孢子梗顶部，0～20个隔膜，大小56.9～134.9μm×4.6～11.4μm。

图4－27　番茄芝麻斑病

三、发生规律

病菌主要以菌丝体随病残体越冬，借气流、雨水溅射传播。病菌发育适温25℃～28℃。高温高湿，特别是多雨高温季节易流行。此外，田间潮湿，植株长势衰弱，种植过密、通风透光差或肥料不足，发病重。

四、防治方法

（一）选用抗病品种

如粤农2号、早雀钻及杂交1代。

（二）加强田间管理

低洼或易积水地应采用高畦深沟种植；不宜过密改善田间通透性；采收后清除病残体，及时深翻。

（三）药剂防治

发病初期喷洒25%络氨铜水剂500倍液，或77%氢氧化铜可湿性粉剂400～500倍液，或1:1:200波尔多液、50%多·硫悬浮剂或甲基硫菌灵可湿性粉剂600倍液，隔10天左右1次．连续防治2～3次。

第十四节　番茄细菌性髓部坏死病

一、为害症状

细菌性髓部坏死病为系统性侵染病害。发病初期部分嫩叶边缘褪绿，严重的植株上部褪绿和萎蔫，同时下部茎坏死，病茎表面初生褐色至黑褐色斑，纵剖病茎可见髓部变成黑色或出现坏死，维管束褐变；髓部发生病变的地方长出突起的不定根。湿度大时菌脓从茎伤口和不定根溢出，别于溃疡病。

图4－28　番茄细菌性髓坏死病茎部症状

图4－29　番茄细菌性髓坏死病茎部开裂

二、病原物

病原菌为皱纹假单胞菌（*Pseudomonas corrugata* Roberts et

Scarlett)，属非荧光假单胞细菌。具多根极生鞭毛。菌落起皱，淡黄色，有时中央绿色，菌落呈土黄色至淡黄褐色，产生黄色至黄绿色扩散性非荧光色素。

三、发生规律

病菌随病残体在土壤中越冬。除侵染番茄外还可侵染紫苜蓿。借雨水、灌溉水，农事操作传播。病菌主要由伤口侵入。在液温度，湿度大的条件下易发病。在连作地，排水不良，氮肥过重的地块发病重。

四、防治方法

(一) 农业防治

与非茄科作物进行轮作；加强水肥管理，合理施肥，不要偏施、过施氮肥。雨后及时排水，防止田间积水。避免在阴雨天整枝打叉，防止传染。清洁田园，及时清除病叶。

(二) 药剂防治

发病初期可用72%农用链霉素可湿性粉剂2000~3000倍液；或77%氢氧化铜可湿性粉剂500~800倍液；或3%中生菌素可湿性粉剂600~1000倍液进行茎叶喷雾防治，也可进行全株喷淋或灌根防治，每株浇灌药液250mL左右，间隔7~10天防治1次，连续防治2~3次。

第十五节 辣椒疫病

辣椒疫病是由 *Phytophthora capsici* Leon. 所引起的一种毁灭性病害，可经雨水、土壤、气流等多种途径传播，除了引起大面积死苗外，还可造成叶片枯萎、果实腐烂、茎秆出现坏死斑，以及整株萎蔫死亡等多种症状。该病于 1918 年首次在美国新墨西哥州发现，现已在世界各辣椒产区普遍发生。

一、为害症状

苗期症状，幼苗茎基部呈水浸状暗褐色缢缩，造成幼苗倒伏，死亡，田间可引起大面积死苗。成株期症状，病叶上有淡绿色近圆形斑点，扩大后边缘黄绿色，中间暗褐色，后期叶片枯萎脱落；茎部多在茎基部和枝杈处发病，初为水浸状暗绿色病斑，后扩展成不规则黑褐色病斑，绕茎 1 周后病斑缢缩，与周围健康组织有明显分界，病斑以上叶片由下而上逐渐枯萎死亡。植株易折倒。果实被侵染，果蒂部有水浸状暗绿斑，潮湿时有白色霉状物。根系被侵染后变褐色，腐烂导致植株青枯死亡。

二、病原物

病原菌为辣椒疫霉菌（*Phytophthora capsici* Leon），属卵菌。孢囊梗丝状，孢子囊卵圆形，顶端有乳状突起。卵孢子球形，淡黄色。

三、发生规律

病菌随病残体在土壤中或种子上越冬。借雨水、灌溉水或农事操作传播。高温季节大水漫灌发病严重。

图 4－30　辣椒疫病苗期症状

图 4－31　辣椒疫病茎部症状

图 4－32　辣椒疫病果部症状

图 4－33　辣椒疫病茎基部症状

四、防治方法

（1）选用适应当地的抗耐疫病品种。

（2）实行轮作，深耕晒地，清除田间病残体。

（3）施足底肥，合理密植，采用高畦或高垄栽培，及时排除积水。

（4）药剂防治：苗期，10%氰霜唑悬浮剂2000倍液+70%丙森锌可湿性粉剂800～1000倍液喷施；成株期，70%丙森锌可湿性粉剂600～700倍液+50%烯酰吗啉可湿性粉剂1000～1500倍液；50%嘧菌酯悬浮剂3000～5000倍液；72%霜脲·锰锌可湿性粉剂600倍液；兑水均匀喷雾防治，视病情间隔5～7天喷施1次。注意各种药剂交替使用。

第十六节　辣椒炭疽病

辣椒炭疽病是由 *Colletotrichum capisci* 引起的一种重要病害，可引起辣椒幼苗死亡、烂果，通常病果率为10%左右，严重时病果率达30%～40%，对辣椒品质、产量均有一定影响，是影响我国辣椒生产的主要障碍之一。

一、为害症状

主要危害果实，也可危害叶片。叶片症状为水浸状褪绿斑点，后扩展成圆形病斑，中央灰白，常有轮纹状排列的黑色小粒点，边缘褐色。果实上，病斑长圆形或不规则形、凹陷、呈褐色水浸状，有呈轮纹状排列的黑色小粒点，湿度大时，边缘出现软腐状。

图 4－34　辣椒炭疽病叶片正面症状

图 4－35　辣椒炭疽病叶片背面症状

图 4－36　辣椒炭疽病果实症状

二、病原物

病原菌为辣椒刺盘孢（*Colletotrichum capisci*），属半知菌亚门真菌。分生孢子盘生有暗褐色刚毛，有2～4个隔膜；分生孢子梗圆柱形，无色，单胞。

三、发生规律

病菌在种子或病残体上越冬，借气流、昆虫和农事操作传播。高温高湿，田间积水多，种植过密，长势衰弱，氮肥过重的田块发病严重。

四、防治方法

（1）定植前深翻土地，多施优质腐熟有机肥，增施磷、钾肥，提高植株抗病能力。

（2）合理密植，采用高畦栽培、覆地膜，促进辣椒根系生长。

（3）药剂防治，苗期，25%嘧菌酯悬浮剂1000～2000倍液；50%异菌脲悬浮剂1500倍液；50%腐霉利可湿性粉剂1000倍液+65%代森锰锌可湿性粉剂500倍液；兑水均匀喷雾，视病情间隔5～7天喷施1次。成株期，发现病果后及时摘除病果，病喷施杀菌剂，注意保护剂和治疗机混合施用。50%腐霉利可湿性粉剂1000倍液+75%百菌清可湿性粉剂600～800倍液；10%苯醚甲环唑水分散粒剂1000～1500倍液+80%代森锰锌可湿性粉剂500～800倍液；兑水均匀喷雾，视病情间隔7～10天喷施1次。

第十七节　辣椒疮痂病

辣椒疮痂病又称细菌性斑点病，由 *Xanthomonas campestris*

pv. *Vesicatoria* 引起，是辣椒生产中常见的病害之一，该病自1922 年在南非发现以来，已蔓延至世界各地，在热带和亚热带地区发病尤为严重。

一、为害症状

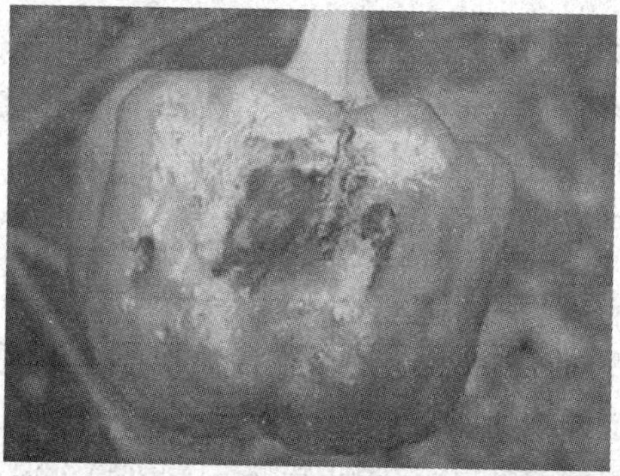

图 4 – 37　辣椒疮痂病果实症状

图 4 – 38　辣椒疮痂病叶片症状

主要为害叶片、茎蔓、果实，果柄也可受害。幼苗期发病，在子叶上产生银白色小斑点，最后发展为暗色凹陷斑。成株期发病，叶片上，初生黑绿色至黄褐色水浸状斑点，病部呈不规则隆起，呈疮痂状，中央稍凹陷，严重时可引起叶片脱落；果柄茎蔓上，病斑呈不规则条斑，后木栓化、纵裂、隆起，呈疮痂状；果实上，病斑为暗褐色隆起的小点，后期木栓化，潮湿时有菌液溢出。

二、病原物

病原菌为野油菜黄单胞菌辣椒斑点致病型（*Xanthomonas campestris* pv. *Vesicatoria*），属革兰氏阴性细菌。菌体杆状，具但鞭毛，能游动。

三、发生规律

病原菌在种子表面或随病残体在田间越冬，借雨水飞溅和昆虫传播。高温高湿条件下发病严重。

四、防治方法

（1）发病严重田块与非茄科蔬菜实行2～3年轮作。

（2）及时清除病残体，培育健壮辣椒苗，合理密植，增施林钾肥，促进根系生长。

（3）药剂防治：77%氢氧化铜可湿性粉剂800～1000倍液；72%农用链霉素可湿性粉剂3000～4000倍液；2%春雷霉素水剂500～800倍液；3%中生菌素可湿性粉剂800～1500倍液；2%多抗霉素可湿性粉剂800～1000倍液；兑水均匀喷雾防治，视病情5～10天喷施1次。

第十八节　辣椒枯萎病

辣椒枯萎病由 *Fusariumoxysporum* f. sp. *vasinfectum* 引起，是辣椒生产上常见的系统性侵染病害。近年来，随着辣椒种植面积扩大，辣椒枯萎病危害程度日益严重。该病在陕西、甘肃、吉林、四川、湖南、北京、广西等地均有发生，发病率一般为 15% ~30%，严重时可达 70% ~80%，有的甚至全田枯死。

一、为害症状

在辣椒整个生育期均可发生，成株期受害最严重。苗期，受害植株叶片中午萎蔫似缺水状，夜间可恢复，持续 2 ~3 天，叶片半边或全叶变黄，植株萎蔫不在恢复，拔出后根颈部出现水浸状褐色病斑。成株期，受害植株初期茎基部皮层呈水浸状腐烂，地上部茎叶迅速凋萎；后期全株枯萎死亡。地下根系呈水浸状软腐，纵剖茎基部，可见维管束变褐。

图 4 –39　辣椒枯萎全株症状

图 4 –40　辣椒枯萎病茎基部纵剖，维管束变褐

二、病原物

病原菌为辣椒尖镰孢菌（*Fusariumoxysporum f. sp. vasinfectum*），属半知菌亚门真菌。大型分生孢子镰刀形，常有3个隔膜，小型分生孢子卵圆形，多为单胞，厚垣孢子单生，近圆形。

三、发生规律

病菌以厚垣孢子在土壤中越冬，借雨水、灌溉水传播。地势低洼，田间积水，偏施氮肥的地块发病严重。

四、防治方法

（1）因地制宜，选择当地抗病较好的品种，减少连片发生；

（2）与十字花科、禾本科等作物轮作，避免与茄科作物、瓜类、棉花等轮作；

（3）加强田间管理，采用高畦栽培，避免大水漫灌，雨后及时排水；

（4）药剂防治，该病发生后难于防治，发现病株后及时拔除，发病初期可采用，1000亿个/克枯草芽孢杆菌可湿性粉剂3000~4500克/公顷；10%多抗霉素可湿性粉剂600倍液+70%甲基硫菌灵可湿性粉剂500倍液；向茎基部喷淋或灌根，每株灌药液300~500mL，视病情间隔5~10天灌1次。

第十九节　辣椒灰霉病

辣椒灰霉病由*Botrytis cinerea*引起，由于多年的连茬栽培，使田间灰霉病菌基数逐年增多，辣椒灰霉病危害日趋严重，一般损失率15%~20%；严重时达30%~50%；最高可达

100%，，常导致叶片大量腐烂，失去食用价值。

一、为害症状

辣椒灰霉病可危害辣椒整个生育期。苗期，发病植株子叶变黄，幼茎变细缢缩，使幼苗病茎折断或萎蔫枯死。成株期，发病植株叶片呈“V”字形褐色病斑，湿度大时病斑上密布灰色霉层；茎秆染病，出现水浸状不规则病斑，病部产生灰白色霉状物；花器或果实染病，呈褐色水浸状，有时病部密生灰色霉层。

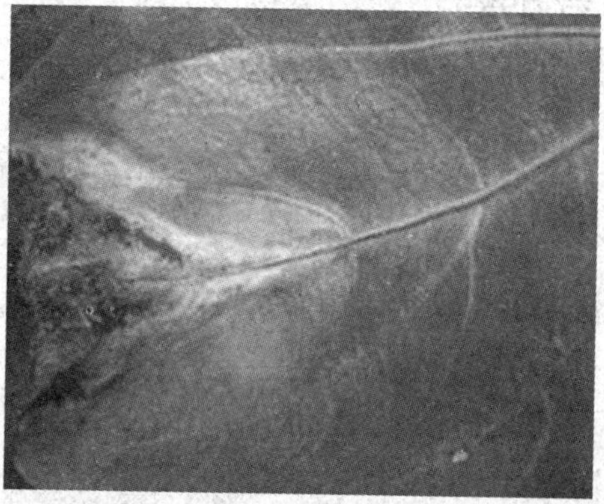

图 4－41　辣椒灰霉病叶部症状

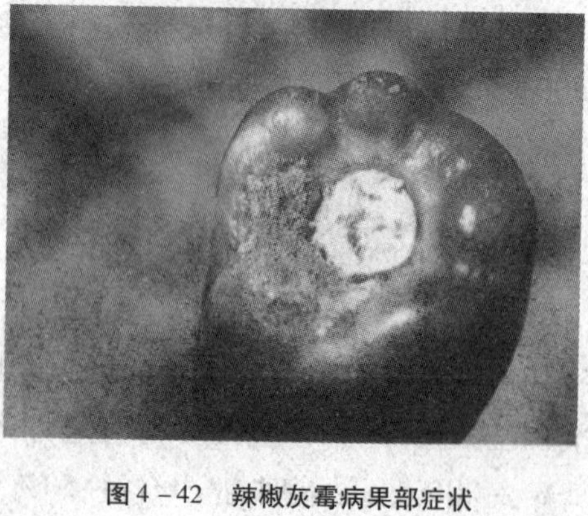

图 4－42　辣椒灰霉病果部症状

图 4－43　辣椒灰霉病茎秆症状

二、病原物

病原菌为灰葡萄孢菌（*Botrytis cinerea*），属半知菌亚门真菌。分生孢子梗丛生，有隔，褐色；分生孢子圆形，无色，单胞。

三、发生规律

病菌在病残体上或土壤中越冬，借气流、雨水及农事操作传播。低温高湿条件利于发病。

四、防治方法

（1）合理密植，及时打顶疏枝。

（2）保护地栽培时，采用高畦栽培，覆盖地膜，提高地温，降低湿度。

（3）药剂防治，发病初期，可用 50% 扑海因可湿性粉剂 1000 倍液；40% 嘧霉胺悬浮剂 800 倍液；50% 腐霉利可湿性粉剂 800～1500 倍液＋70% 代森锰锌可湿性粉剂 600～1000 倍液；兑水均匀喷雾防治，视病情间隔 5～7 天喷施 1 次。保护地可用 10% 腐霉利烟剂 300～400 克/亩熏蒸处理。

第二十节　辣椒根腐病

辣椒根腐病由 *Fusarium solani* 引起，是一种典型的土传病害，病菌在土壤里可长期存活达 10 年以上。近几年来，危害逐渐加重，轻者减产 20% ~30%，重者减产 50% 以上，甚至绝产，造成巨大的经济损失。

一、为害症状

一般发病部位在根部和茎基部，初期植株发育不良，矮小。中后期植株白天萎蔫，夜间可恢复，反复十几日后植株枯死。发病植株的茎基部和根部变为褐色，呈湿腐状。病部维管束变褐，湿度大时病部有略带粉红色的白色菌丝。

图 4－44　辣椒根腐症状

二、病原物

病原菌为腐皮镰孢菌（*Fusarium solani*），属半知菌亚门真菌。

三、发生规律

病菌随病残体在土壤中越冬，病菌厚垣孢子可在土中存活

5～6 年。病菌借雨水、灌溉水及农事操作传播。地势低洼、高湿多雨，发病严重。

四、防治方法

（1）加强田间管理，采用高畦栽培，避免大水漫灌，防止雨后田间积水；

（2）进行合理轮作，如水旱轮作，减少土壤中病原菌数量，避免与茄科作物轮作；

（3）药剂防治，25% 咪鲜胺乳油 500 倍喷雾；10% 苯醚甲环唑水分散粒剂 1500～2000 倍液 +50% 福美双可湿性粉剂 800～1000 倍液，或 10 亿个/克枯草芽孢杆菌可湿性粉剂 300 克/亩灌根防治，视病情间隔 10 天左右灌 1 次。

第二十一节　辣椒白粉病

辣椒白粉病由 *Leveillula taurica* 引起，是辣椒生产中的重大病害之一，发生蔓延速度快，危害严重防治困难。

一、为害症状

主要为害叶片，发病初期在叶片上产生圆形白粉状霉斑，后期扩大连成片，白粉布满整个叶片，最终叶片变黄脱落，严重影响产量和品质。病部的白粉即病原菌的分生孢子梗和分生孢子。

二、病原物

病原菌为内丝白粉菌（*Leveillula taurica*），属子囊菌亚门真菌。

三、发生规律

病菌可在温室内存活越冬，借气流传播。一般温度在25℃~28℃，稍干燥的条件下该病易流行。

图4-45 辣椒白粉病症状

四、防治方法

（1）因地适宜选用抗病品种。

（2）增施磷、钾肥，避免氮肥过多，提高抗病能力。

（3）药剂防治，10%苯醚甲环唑水分散粒剂1500倍液；40%氟硅唑乳油3000~5000倍液；25%咪鲜胺乳油1000~2000倍液；兑水均匀喷雾防治，视病情间隔7天喷施1次。铜制剂使用浓度过大会引起落花，三唑类药剂使用量过大会抑制植株生长，在使用过程中注意使用浓度，不可随意加大用药量。

第二十二节 辣椒猝倒病

猝倒病病原主要是瓜果腐霉菌（*Pythium aphanidermatum*）、辣椒疫霉和烟草疫霉。是一种土传性病害，病菌在植株病残体和土壤有机质中越冬。借雨水或灌溉水传播；也可潜伏在种子内部，随种子传播；在低温条件下，辣椒苗生长不利，猝倒病菌可以快速繁殖，突发猝倒病。

一、为害症状

通常发生在幼苗子叶期或真叶未展开之前，发病幼苗茎基部出现水渍状病斑，随后变黄、缢缩、倒伏。地面潮湿时病部可见白色棉毛状霉层。

图 4-46　辣椒猝倒病

二、病原物

病原菌主要为瓜果腐霉菌（*Pythium aphanidermatum*），属鞭毛菌亚门真菌。菌丝无隔膜；孢子囊呈姜瓣状或裂瓣状。卵孢子产生于老熟菌丝上的藏卵器中。

三、发生规律

病菌在土壤中或病残体上越冬，也可潜伏在种子内。借雨水、灌溉水传播。土温较低，湿度较大，苗子长势弱时发病严重。

四、防治方法

（1）苗床选择地势较高、排灌方便、土壤肥沃通气性好的无病地块；

（2）种子处理，可用53%精甲霜·锰锌水分散粒剂600～800倍液或72%霜霉威水剂800～1000倍液，浸种；

（3）药剂防治，苗床发现病株，应及时拔除并施药防治，可用30%精甲·噁霉灵水剂5000～7000倍液；53%精甲霜·锰锌可湿性粉剂600～800倍液；兑水均匀喷雾防治，视病情7～10天喷施1次。

第二十三节　辣椒病毒病

辣椒病毒病主要由昆虫传播和接触传染，可以传播病毒的昆虫主要有蚜虫、白粉虱和蓟马等。

一、为害症状

主要症状有斑驳花叶型和叶片畸形、丛枝型。斑驳花叶型，植株矮化，叶片呈黄绿相间的斑驳花叶，主茎或枝条上有褐色条斑；畸形、丛枝型，叶片畸形丛生，叶片变窄呈线性，茎节间缩短，植株矮化，病果畸形易脱落。

二、病原物

病原物主要为黄瓜花叶病毒（Cucumber mosaic virus，CMV）、烟草花叶病毒（Tobacco mosaic virus，TMV）、马铃薯Y病毒（Potato virus Y，PVY）、番茄斑萎病毒（Tomato spotted wilt virus，TSWV）等。

图 4－47 辣椒病毒病畸形型

图 4－48 辣椒病毒病斑驳花叶型

图 4－49 辣椒病毒病丛枝型

三、发生规律

辣椒病毒病可在病残体和多种作物上越冬，主要靠昆虫和接触传播，种子也可带毒传播。

四、防治方法

（1）根据当地情况，选用抗病品种。

（2）注意防治蚜虫等传播病毒的昆虫，可用10%吡虫啉。

（3）药剂防治。发现病株后应及时拔除，并及时用药防治，可用7.5%菌毒·吗啉胍水剂400～500倍液；0.5%香菇多糖水剂300倍液；0.5%几丁聚糖水剂300～500倍液；兑水茎叶喷雾防治，视病情间隔5～7天喷施1次。同时可喷施0.04%芸苔素内酯水剂、增产灵、叶面肥等，提高植株耐病性。

第二十四节　辣椒细菌性叶斑病

辣椒细菌性叶斑病由丁香假单胞菌适合致病变种（Pseudomonas syringae pv. aptata Young. Dye & Wilkie.）引起，主要危害茄科蔬菜，如番茄、辣椒。在田间随流水或农事操作传播，点片发生，近年来已成为辣椒生产中的重要病害。气温在23℃～30℃，相对湿度达到80%以上发病迅速，因此夏秋高温多雨季节容易发病，如不及时治疗则损失严重。

一、为害症状

主要为害叶片。被侵染叶片，初呈不规则水浸状黄绿色小斑，后扩大为红褐色或铁锈色，病斑大小不等。初期仅几片叶上出现病斑，辣椒仍可生长，严重时可造成全株落叶。细菌性叶斑病病斑不隆起，有别于辣椒疮痂病。

图 4－50　辣椒细菌性叶斑病

二、病原物

病原菌为丁香假单胞菌适合致病变种（*Pseudomonas syringae* pv. aptata），属细菌。菌体短杆状，有 1～3 根鞭毛。

三、发生规律

病菌随病残体越冬，借风雨或灌溉水传播。地势低洼，植株衰弱，偏施氮肥的地块发病严重。

四、防治方法

（1）合理轮作，与非茄科蔬菜实行 2～3 年轮作。

（2）加强田间管理，蔬菜收获后及时清除病残体，并深耕晒土，采用高垄栽培，避免大水漫灌，防止田间积水，棚室栽培及时通风降湿，发现病叶及时清除。

（3）选用无病种子病进行种子消毒，播种前可用 0.1 亿 CFU/克多粘类芽孢杆菌细粒剂 300 倍液浸种。

（4）药剂防治，田间发现病株后及时进行药剂防治，可用 46% 氢氧化铜水分散粒剂 1500～2000 倍液；10×10^8 CFU/克多粘类芽孢杆菌可湿性粉剂 150～300 倍液；20% 噻森铜悬浮剂 1000～1500 倍液，兑水均匀喷雾防治，视病情间隔 7 天左右防治一次，一般连续防治 3～4 次。

第二十五节　茄子黄萎病

茄子黄萎病又称半边疯、黑心病、凋萎病，由大丽花轮枝菌（*Verticillium dahliae*）引起，是茄子三大病害之一，被视为不治之症，防治难度较大。一般年份减产30%～40%。发病严重的年份减产可达70%以上甚至绝收。

一、为害症状

茄子黄萎病一般在门茄坐果后发病最重，病情多自下而上或从植株一侧向全株发展。初期叶片边缘和叶脉间褪绿变黄，后发展到全叶。晴天高温，病株萎蔫，夜晚或阴雨天可恢复，随病情发展，全叶黄萎，变褐枯死，严重时病叶片脱落。茎部维管束变褐，有时全株发病，有时半边发病，植株明显矮化。

图4－51　茄子黄萎病症状

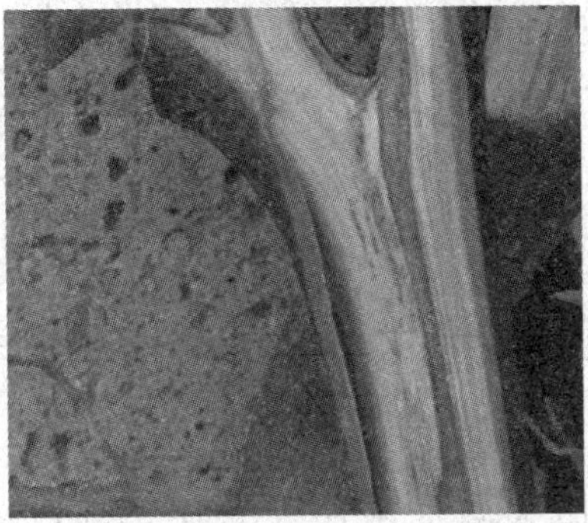

图 4－52　茄子黄萎病维管束变褐

二、病原物

病原菌为大丽花轮枝菌（*Verticillium dahliae*），属半知菌亚门真菌。分生孢子梗纤细无色，基部略膨大；分生孢子椭圆形，单胞，无色。

三、发生规律

病菌随病残体在土壤中或种子上越冬，借风雨、灌溉水及农事操作传播。一般气温低，定植时有伤口，利于发病；地势低洼，排灌不当，连作地块，发病重。

四、防治方法

（1）因地制宜选用抗耐黄萎病的品种。

（2）选择排水良好的地块种植，发生过黄萎病的地块，要与非茄科作物轮作，与葱蒜类轮作效果较好。

（3）加强管理，防止阴冷天浇水，地温低于 15℃ 会引起黄萎病爆发。

（4）药剂防治，门茄坐果后结合其他病害防治进行预防，并加入植物生长调节剂芸苔素或叶面肥，促使植株健壮，提高抗病能力；结果后期，发现病株及时防治，可用 80% 乙蒜素乳油1000倍液；36%三氯异氰尿酸可湿性粉剂300～500倍液；兑水灌根，每株灌药液100mL，视病情间隔5～7天灌根1次。

第二十六节　茄子枯萎病

茄子枯萎由尖镰孢菌茄子专化型（*Fusarium oxysporum f. sp. melongenae*）引起，是茄子主要病害之一。近年来，随着保护地栽培面积扩大，茄子枯萎病有加重趋势。

一、为害症状

病株叶片自下而上逐渐变黄枯萎，病症多表现在下部叶片，主要是叶脉变黄，最后整个叶片枯黄但不脱落；有时同一片叶仅半边变黄，另一半正常。病茎维管束变褐。

图4－53　茄子枯萎病症状

二、病原物

病原菌为尖镰孢菌茄子专化型（*Fusarium oxysporum f. sp. melongenae*），属半知菌亚门真菌。

三、发生规律

病菌随病残体在土壤中或种子上越冬，借雨水、灌溉水传播。地势低洼、连作地、土壤高温高湿，易于发病。

四、防治方法

（1）选用抗耐品种。

（2）采用高垄栽培，合理密植，之一通风透气；合理灌溉，禁止大水漫灌，雨后及时排除积水。

（3）实行与非茄科3年以上轮作。

（4）药剂防治。田间发现病株应及时拔除，病全田施药防治，可用30%多·福可湿性粉剂800～1000倍液；70%甲基硫菌灵可湿性粉剂600～800倍液；兑水喷淋或浇灌，每株灌药300～500mL，视病情间隔7天施药1次。

第二十七节　茄子褐纹病

茄子褐纹病是茄子三大病害之一，由茄褐纹拟点霉（*Phomopsis vexans*）引起。是一种世界性病害，一般年份造成损失20%～30%，严重年份可减产50%以上。

一、为害症状

苗期受害，茎基部出现褐色病斑，上生黑色小粒点，造成幼苗猝倒或立枯。成株期发病，叶片上先出现白色圆形斑，后扩展成近圆形，轮纹状褐色病斑，严重时病斑上轮生大量小黑点。茎部产生水浸状梭形斑，散生小黑点，后期易折断。果实上产生椭圆形凹陷褐色轮纹斑，上生小黑点，湿度大时，极易腐烂。

二、病原物

病原菌为茄褐纹拟点霉（*Phomopsis vexans*），属半知菌亚门真菌。分生孢子器球形，孔口凸出，黑色；分生孢子有两种，叶片上的椭圆形，单胞，无色，内有两个油球，茎秆上的线形，单胞无色。

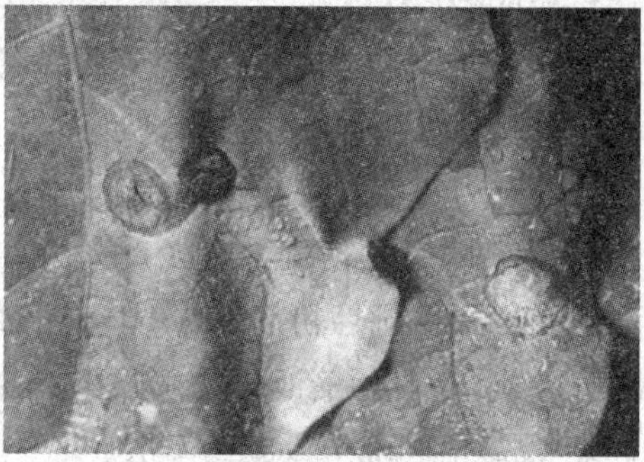

图4－54　茄子褐纹叶部症状

图4－55　茄子褐纹果实症状

三、发生规律

病菌随病残体在土表或种子上越冬，借风、雨、昆虫传播。连续阴雨，高温高湿条件下容易发病。连作地、排水不良、植株长势弱、偏施氮肥时发病严重。

四、防治方法

（1）因地制宜选用抗病品种。

（2）种植前或收获后，应清除田间及四周杂草和病残体，减少病原。

选择排灌方便田块，雨后及时排除积水，降低田间湿度。

（3）合理密植，及时整枝和打掉下部老叶，保持通风透光。

（4）药剂防治，田间发现病株及时防治，可用50%腐霉利可湿性粉剂800～1000倍液；50%异菌脲悬浮剂800～1000倍液；40%氟硅唑乳油4000～6000倍液；兑水均匀喷雾防治，视病情间隔7～10天喷施1次。

第二十八节　茄子绵疫病

茄子绵疫病是茄子三大病害之一，由寄生疫霉引起，全国各茄子产区均有发生，一般年份造成损失在20%～30%，多雨年份危害加重。

一、为害症状

幼苗期叶片发病，产生水浸状不规则褐色或紫褐色病斑，潮湿时病斑上长出少量白霉；茎基部呈水浸状，常引起幼苗猝倒。成株期发病，叶片症状同幼苗期叶片症状；茎部呈水浸状缢缩，茎秆易折断；果肉呈黑褐色腐烂状，湿度大时病部表面有白色絮状菌丝，病果易脱落或收缩成僵果。

二、病原物

病原菌为寄生疫霉（*Phytophthora parasitica*），属鞭毛菌亚门真菌。菌丝白色，孢子囊单胞，圆形，顶端有乳状突起；卵孢子圆形，壁厚，表面光滑。

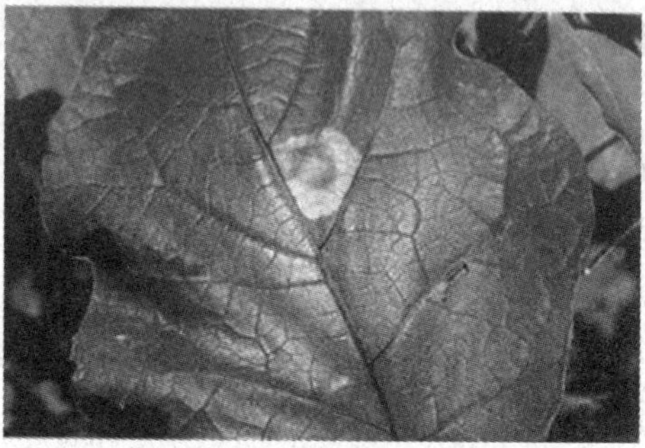

图 4 - 56　茄子绵疫病叶部症状

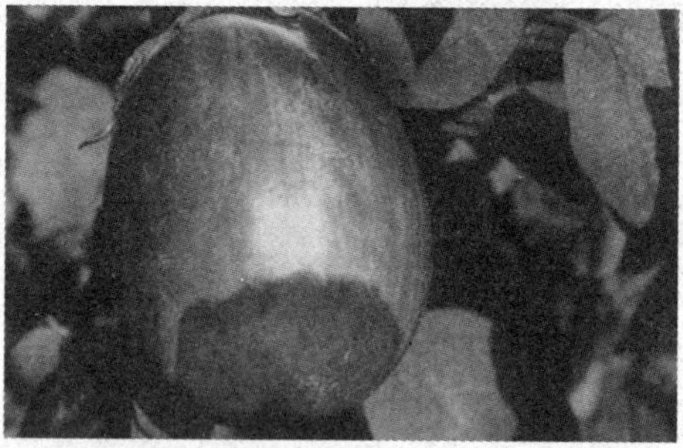

图 4 - 57　茄子绵疫病果实早期症状

图 4 - 58　茄子绵疫病果实后期症状

三、发生规律

病菌随病残体在土壤中越冬，借雨水或灌溉水传播。高温，连续阴雨，地势低洼、排水不良、过度密植、连茬栽培，发病严重。

四、防治方法

（1）因地制宜选用抗病品种。

（2）实行轮作，与非茄科作物实行2年以上轮作。

（3）选用排灌好的地块，雨后及时排除积水，降低田间湿度。

（4）合理密植，及时整枝摘，除病果、病叶，改善通风透光条件。

（5）药剂防治，田间发病后，摘除病果、病叶，并及时用药防治，可用60%唑醚·代森联水分散粒剂1000～1500倍液；53%甲霜·锰锌可湿性粉剂600～800倍液；50%烯酰吗啉可湿性粉剂1000～1500倍液+70%丙森锌可湿性粉剂600～800倍液；100g/L氰霜唑悬浮剂2000～2500倍液+70%丙森锌可湿性粉剂600～800倍液；72%霜脲·锰锌可湿性粉剂600～800倍液；25%吡唑醚菌酯悬浮剂3000～4000倍液；兑水均匀喷雾防治，重点保护茄子果实及枝，视病情间隔7天喷施1次。

第二十九节　茄子灰霉病

茄子灰霉病由灰葡萄孢菌（*Botrytis cinerea*）引起，是茄子生产中重要病害。当光照不足，气温较低（16℃～20℃）、湿度大，结露时间较长时易发灰霉病。该病流行时一般减产20%～30%，严重时可达50%。

一、为害症状

主要发生在成株期，叶片发病，常在叶面或叶缘产生近圆形至不规则形或“V”字形褐色病斑，湿度大时，病斑上密生灰色霉层。茎部发病，产生不规则形病斑，病斑绕茎一周，病斑上部枝叶萎蔫枯死，病部表面密生灰白色霉层。花、果发病，产生水浸状褐色病斑，扩大后凹陷腐烂，表面密布灰色霉层。

二、病原物

病原菌为灰葡萄孢菌（*Botrytis cinerea*），属半知菌亚门真菌。

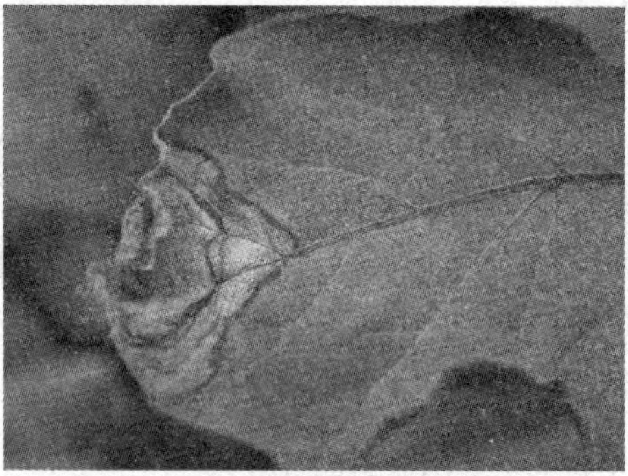

图 4-59　茄子灰霉病叶部症状

图 4-60　茄子灰霉病花及幼果症状

图 4－61　茄子灰霉病果实症状

三、发生规律

病菌随病残体在土壤中越冬，借气流、灌溉水及农事操作传播。低温高湿利于病害发生。

四、防治方法

（1）选用耐低温弱光的品种，如黑丽人长茄、黑美长茄、引茄 1 号等。

（2）加强管理，保持棚温在 23℃左右，棚温过高时注意通风降湿，棚温降到 20℃时关闭通风口，夜间温度保持在 15℃左右；阴天也要通风降湿，降低叶片和果实结露持续时间。

（3）药剂防治，田间发病时，可用 400g/L 嘧霉胺悬浮剂 1000～1500 倍液；50% 腐霉利可湿性粉剂 1000～1500 倍液；50% 异菌·福美双可湿性粉剂 600～800 倍液；50% 异菌脲悬浮剂 1000～1500 倍液；兑水均匀喷雾防治，视病情间隔 5～7 天喷施 1 次。

第三十节　茄子叶霉病

一、为害症状

主要为害茄子的叶和果实。叶片染病初期，出现褪绿斑点，病斑背面长有绿色绒毛状霉，严重时病叶早期脱落。果实染病，病部呈黑色，革质，多从果柄蔓延下来，致果实现白色斑块，成熟果实病斑黄色下陷，后渐变黑色，最后成为僵果。

图 4－62　茄子叶霉病

二、病原物

病原菌为褐孢霉（*Fulvia fulva*），属半知菌亚门真菌。分生孢子梗丛生，暗橄榄色；分生孢子卵形至椭圆形，无色或暗橄榄色，具 0～3 个隔膜，该菌有生理分化现象。

三、发生规律

病菌主要随病残体遗留在地面越冬，借风雨传播。植株栽植过密，株间生长郁闭，田间湿度大或有白粉虱为害易诱发此病。

四、防治方法

（一）农业防治

1. 收获后及时清除病残体，集中深埋或烧毁。

2. 栽植密度应适宜，雨后及时排水，注意降低田间湿度。

3. 收获后及时清除病残体，集中深埋或烧毁。栽植密度应适宜，雨后及时排水，注意降低田间湿度。

（二）药剂防治

发病初期可用25%戊唑醇水乳剂3000倍液+70%代森锰锌可湿性粉剂800倍液；或40%嘧霉胺可湿性粉剂800~1000倍液；或40%氟硅唑乳油4000~6000倍液等，兑水茎叶喷雾，间隔5~7天防治1次。

第五章　葫芦科蔬菜病害识别与绿色防控

第一节　黄瓜猝倒病

北方或南方黄瓜产区育苗时，受寒冷雨雪天气影响和管理不善常诱发猝倒病和立枯病，造成幼苗猝倒死亡。病原菌为瓜果腐霉（*Pythium aphanidermatum*），属茸鞭生物界卵菌门。

一、发病症状

在发病初期，幼苗茎基部初呈水浸状，而后由浅黄色变为黄褐色腐烂状，最后干枯溢缩直至线状，往往子叶尚未凋萎，幼苗即突然猝倒，致幼苗贴伏地面。湿度大时，发病部位长出棉絮状白色菌丝。

图5－1　黄瓜苗期猝倒病发病症状（瓜类蔬菜病虫原色图谱）

图 5-2　黄瓜猝倒病，茎基部缢缩（黄瓜病虫害防治图谱）

二、发病规律

病菌主要以菌丝体和卵孢子在病残体或土壤中越冬，病菌在土中能长期存在，条件适宜时侵染植株根部。当土温 10℃ 左右，幼苗生长缓慢，长势较弱，病菌仍有活力，尤其是苗床高湿低温、光照不足极易导致病害流行。

三、防治方法

（1）选择耐低温品种。因地制宜，适时播种，培育壮苗，增强植株抵抗力；苗床避免连作，可实行 3 年以上轮作；加强苗床温湿度管理，苗床温度控制在 25℃ 左右，严控浇水次数以降低苗床湿度；平衡施肥，追肥时增施磷钾肥，少施氮肥。

（2）药剂防治。播种前至苗期时可使用 66.5% 的霜霉威水剂、722g/L 的霜霉威盐酸盐进行苗床浇灌，用药量为 3.6～5.4g/cm^2，或 29% 的福美双和 9% 的甲霜灵可湿性粉剂进行苗床浇洒，用药量为 0.76～1.14g/cm^2；也可以使用 20% 的乙酸铜可湿性粉剂进行灌根，用药量为 3000～4500 克/公顷。

第二节　黄瓜立枯病

病原菌为立枯丝核菌（*Rhizoctonia solani* Kühn），属于担子菌亚门丝核菌属真菌。

一、发病症状

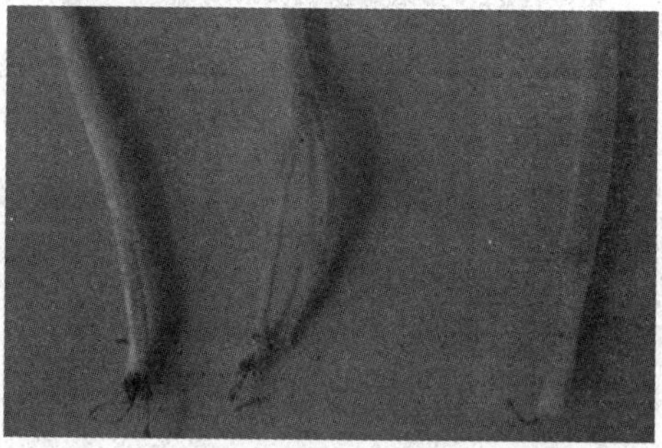

图 5－3　黄瓜立枯病茎基部症状（黄瓜病虫害防治图谱）

图 5－4　黄瓜立枯病茎基部暗褐色斑点（蔬菜病虫害诊断图鉴）

立枯病主要发生于黄瓜苗期，为害部位主要是茎基部或地下根部。初期在茎基部出现椭圆形或不规则暗褐色病斑，个别瓜苗白天萎蔫，夜晚恢复；一段时间后，病斑逐渐凹陷，边缘趋于明显，扩展至绕茎一周，最后病部萎缩干枯，幼苗萎蔫枯死，但不折倒。根部皮层变褐色或腐烂。

二、发病规律

病菌能以菌丝体或菌核在土壤中存活 2～3 年，条件适宜时病菌从根部或茎基部侵入或直接侵入，随雨水、灌溉水、农事操作或带菌土肥进行传播和蔓延。苗床通气不畅、幼苗长势弱易发病。

三、防治方法

（1）农业防治。因地制宜，适时播种，培育壮苗，增强植株抵抗力；苗床避免连作，可实行 3 年以上轮作；加强苗床温湿度管理，苗床温度控制在 25℃左右，严控浇水次数以降低苗床湿度；平衡施肥，追肥时增施磷钾肥，少施氮肥。

（2）药剂防治。发病前或发病初期可使用 54.5% 的噁霉·福美双可湿性粉剂进行苗床喷洒，用药量为 2.0～2.5g/cm^2；使用 70% 敌磺钠可溶粉剂对苗床进行喷雾和泼浇，用药量为 2625～5250 克/公顷。

第三节　黄瓜蔓枯病

蔓枯病又称黑腐病，全国的黄瓜产区均有发生，为害茎蔓、叶片和果实，是黄瓜上的常见病害。病原菌为蔓枯亚隔孢壳（*Didymella bryoniae*），属子囊菌门亚隔孢属真菌。

一、发病症状

叶片上病斑近圆形或不规则形，有的呈“V”字形，颜色淡褐色至深褐色，后期病斑干枯易碎，偶有轮纹，表面着生许多小黑点，即病原菌的分生孢子器，病叶自下而上逐渐枯黄且不脱落，严重时只剩1～2片顶叶；蔓上病斑呈椭圆形至梭形，灰白色，稍凹陷，有时溢出琥珀色树脂胶状物，后期病茎干缩龟裂，露出维管束，呈乱麻状。

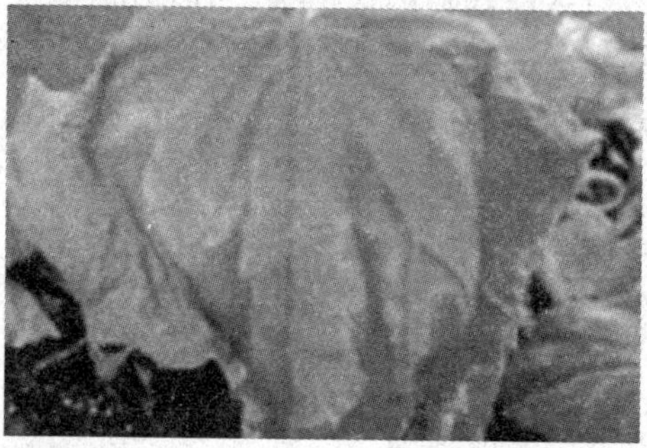

图5－4

二、发病规律

病菌以分生孢子器和假囊壳在病株残体中越冬，带菌种子和病残体是田间病害发生的主要初侵染源，产生新病株后，病斑可产生大量分生孢子，随雨水、灌溉水、气流及农事操作进行再侵染。在相对湿度85%以上，平均温度22℃以上时，病害极易发生流行，当雨日长、雨量大、湿度高时，利于病害发生。

三、防治方法

（1）消除初侵染源。及时清除田间病残体，减少田间菌源；选取无菌种子，可用50%多菌灵可湿性粉剂500液浸种30min；及时拔除田间病株，较少再侵染源。

（2）与非寄主作物轮作。避免与葫芦科作物连作，可与非葫芦科作物轮作2～3年，可减少菌源。

（3）改善栽培环境。翻晒土壤，高畦深沟，雨后及时排水，提倡覆膜栽培，采用滴灌技术；合理施肥，有机肥要充分腐熟，追肥时适当增施磷钾肥，避免偏施氮肥。

（4）药剂防治。发病前或发病初期，采用250g/L的嘧菌酯悬浮剂喷雾处理，用药量为225～337.5克/公顷。

第四节　黄瓜霜霉病

霜霉病发生时期及发生范围已打破常规，在大棚春茬、日光温室春茬、大棚秋茬、日光温室秋冬茬均可发病且病害严重。

一、发病症状

苗期、成株期均能发病，主要为害叶片。子叶受害时初呈褪绿黄斑，之后颜色加深至黄褐色，湿度大时叶背面产生灰黑色霉层，即病菌孢囊梗和孢子囊。真叶染病，叶缘或叶背面出现水渍状病斑，早晨尤为明显，病斑逐渐扩大，受叶脉限制呈多角形黄褐色斑块，湿度大时，叶背面产生水渍状病斑，发病后期斑块连成一片，易破裂。抗病品种的病斑小，褪绿斑持续时间长，在叶面形成圆形或多角形黄褐色斑，扩展速度慢，病斑背面霉层稀疏或很少，一般比感病品种迟落架7～12天。

图5-5　叶片正面多角形病斑（黄瓜病虫害防治图谱）

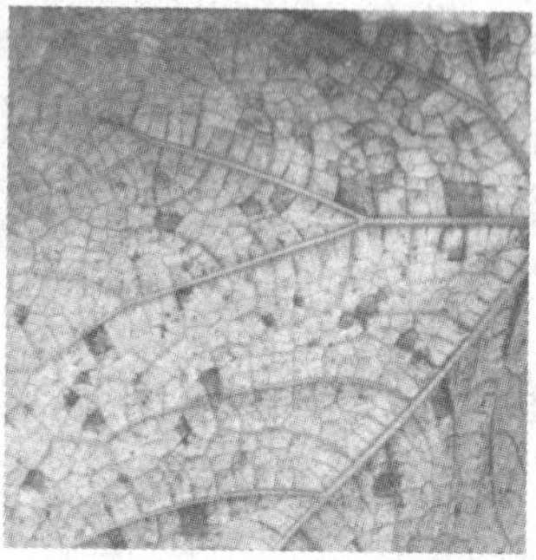

图5－6　叶片背部多角形水渍状病斑/（吴婕）

图5－7　叶片背面病斑上的黑色霉状物（蔬菜病虫害诊治图鉴）

图5－8　黄瓜霜霉病后期症状（蔬菜病虫害诊治图鉴）

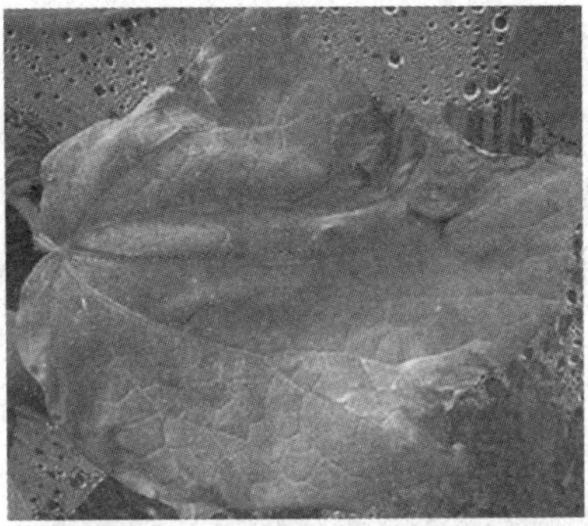

图 5－9　黄瓜霜霉病非典症状 1（蔬菜病虫害诊治图鉴）

图 5－10　黄瓜霜霉病非典症状 2（蔬菜病虫害诊治图鉴）

图 5－11　黄瓜霜霉病非典症状 3（蔬菜病虫害诊治图鉴）

二、发病规律症状

病原菌是古巴假霜霉菌，属鞭毛菌亚门真菌。霜霉病的发生流行与温、湿度特别是湿度有密切关系，气温达到16℃以上时，病害即可发生，在20℃~24℃最为有利，湿度愈高，病害越易流行。因此，多雨、多露、多雾、昼夜温差大，或阴雨天与晴天交替等气候条件有利于病害发生及流行。

三、防治方法

（1）科学选地。黄瓜地应选取地势高，排水良好的地块，施足底肥，雨后适时中耕，降低空气湿度，提高地温。

（2）选用抗病品种。针对不同的栽培条件因地制宜地选择抗霜霉病品种。

（3）培育无病壮苗。育苗时保证株行距不低于10cm，保持土温，降低空气湿度，防止瓜苗徒长。定植前几天应重点喷一次杀菌剂，减少苗期染病。移栽时选好苗、壮苗，淘汰弱苗、病苗。

（4）采用配方施肥技术。补施二氧化碳气肥；黄瓜生长中后期，叶面喷施0.1%尿素加0.3%磷酸二氢钾，或者使用喷施宝，每毫升兑水11~12L，进行叶面喷雾，可提高植株抗病能力。

（5）生态防治。根据棚内不同时间段的温湿度变化，合理控温降湿，既满足植株的生长需求，又可抑制霜霉病的发生扩展。

（6）药剂防治。保护地栽培可用45%百菌清烟剂进行熏蒸，使用量为50~80克/亩。温室大棚内可用10%硫黄·百菌清粉剂进行喷粉处理，用药量为100~120克/亩。田间霜霉病发病前或发病初期，可用66.8%丙森·缬霉威可湿性粉剂兑水喷雾，用药量为66.8~89.1克/亩，或使用52.5%噁酮·霜脲氰水分散粒剂兑水喷雾，用药量为12.25~18.37克/亩。

第五节　黄瓜棒孢叶斑病

又称黄瓜褐斑病、黄点子病。该病在我国保护地和露地黄瓜上普遍发生。尤其是进入坐果期后，病害扩展迅速，造成叶片坏死脱落。据山东、辽宁地区调查，叶发病率达20%～30%，严重时达到60%～70%，甚至造成毁棚。该病由多主棒孢霉（*Corynespora cassiicola*）引起，属于子囊菌亚门棒孢属真菌。

一、发病症状

图5－12　叶片发病初期斑点（来自高苇）

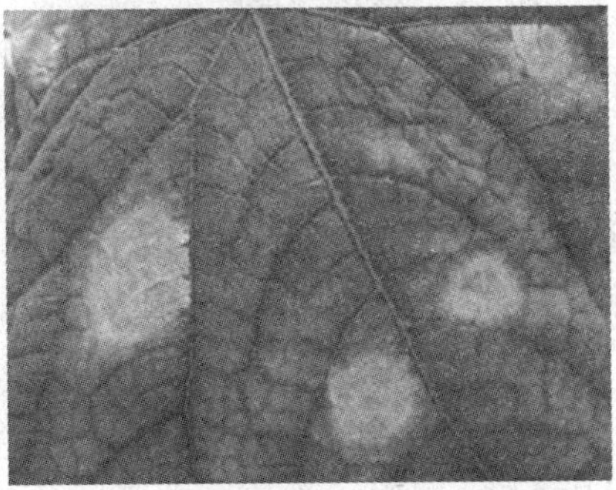

图5－13　叶片发病中期圆形病斑（来自高苇）

图 5-14 叶片发病中期多角形病斑（来自高苇）

主要为害叶片，也为害叶柄和茎蔓。初在叶片上产生芝麻粒大小的黄褐色水渍状斑点，伴有晕圈，后扩展为白色凹陷斑，严重时叶片上密布病斑；发病中期，病斑扩展为圆形或不规则形斑块，易穿孔；发病后期多个病斑连成一片，病健部分明显，交界处呈深黄色，后逐渐变为灰褐色，干裂坏死，造成叶片枯死或脱落。高温高湿条件下易产生大病斑，干燥时多为小病斑。湿度大时，病斑上可见稀疏的灰褐色霉状物。该病发病初期病斑多呈多角形，与黄瓜细菌性角斑病、霜霉病类似，后期与炭疽病不易区分，确认该病需要镜检。

二、发病规律症状

病菌以菌丝体、分生孢子、菌核或厚垣孢子存在于土壤、病残体、杂草或其他寄主植物中越冬，条件适宜时产生分生孢子作为初侵染源。黄瓜叶片发病后，产生更多分生孢子进行再侵染。分生孢子可通过气孔、伤口或直接穿透表皮侵入植株组织，潜育期为 5~7 天。病菌菌丝生长最适温度为 28℃，产孢最适温度为 30℃，孢子萌发需要较高的湿度，相对湿度为 90% 以上才能萌发，在有水滴存在时萌发率最高。因此，高温高湿有利于该病扩展和流行，叶面结露、叶缘吐水、光照不足会加重病情，昼夜温差越大，病菌繁殖越快。此外，偏施氮肥造成徒长、多年连作、通风条件差、凉夏及秋延后栽培利于发病。

三、防治方法

（1）选用抗病品种。

（2）适时轮作，与非瓜类作物实行2～3年以上轮作。

（3）种子消毒。可用常温水浸泡15min，转置55℃～60℃水中浸泡10～15min，不断搅拌，待水温降至30℃时，继续浸泡3～4h，最后捞出沥干进行催芽。

（4）加强田间管理。科学浇水，避免大水漫灌，注意通风散湿；合理密植，保证光照，创造有利于植株生长的环境，不利于病菌萌发侵入的温湿度条件；合理施肥和追肥，避免偏施氮肥，可喷施叶面肥，增强抗病性。

（5）药剂防治。发病前，可喷施40%嘧霉胺悬浮剂1000倍液预防；发病前期，可喷施32.5%苯甲·嘧菌酯悬浮剂1500倍液加27.12%碱式硫酸铜悬浮剂500倍液，或50%乙霉威·多菌灵可湿性粉剂1000倍液，或40%腈菌唑乳油3000倍液，6～7天一次，连续防治2～3次。

第六节　黄瓜疫病

黄瓜疫病的病原菌为瓜疫霉，属鞭毛菌亚门真菌，其传播速度快、侵染力强，一旦流行很难控制，造成严重的经济损失。

一、发病症状

黄瓜的全生育期均可染病，全株任何部位均可受害。幼苗染病，嫩尖出现暗绿色或水渍状病斑，而后干枯萎蔫。成株期主要为害茎基部或幼嫩节部，病部初呈圆形或不规则形的暗绿色水渍状斑，而后逐渐软化、溢缩，病部以上叶片萎蔫直至枯死。叶片发病产生水渍状大病斑，边缘不明显，干燥时易破裂，湿度大时病斑扩展迅速，病叶腐烂。果实发病，初为水渍状暗绿色，逐渐溢缩凹陷，潮湿时表面产生白色霉层，有腥臭味。

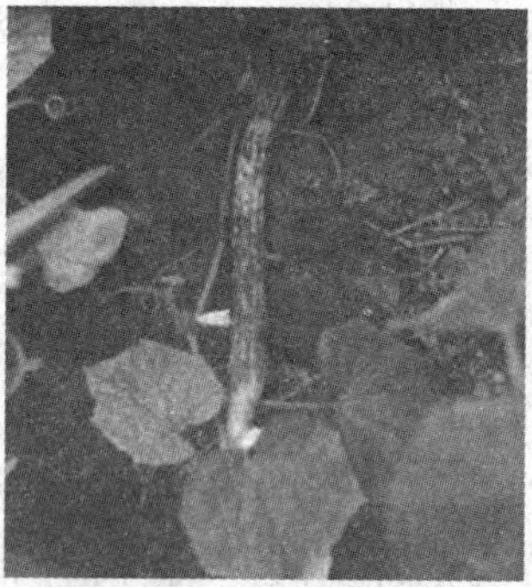

图 5－15　瓜条发病症状（蔬菜病虫实用原色图谱）

图 5－16　黄瓜叶片发病症状（来自林璐璐）

二、发病规律症状

引起我国黄瓜疫病的病原菌主要为掘氏疫霉（*Phytophthora drechsleri* Tucker），属假菌界卵菌门疫霉属。病原菌的适温范围广，为8℃~40℃，雨季来临早、雨量大、雨日多的年份发病早，再侵染频繁，传播蔓延快，以流行。地势低洼、大雨后排水不畅的田块，导致植株长势弱，抗病力下降，病害较重。

三、防治方法

（1）与非瓜类作物轮作。

（2）土壤处理。苗床用25%甲霜灵可湿性粉剂8g/cm^{2}与细土混匀撒在苗床上，定植前用25%甲霜灵可湿性粉剂750倍液喷洒地面。

（3）加强田间管理。采用高畦栽植，避免积水。苗期控制浇水，瓜期适量浇水，雨前严禁浇水。发现疫病后，浇水量减至最低，控制病情发展。

（4）药剂防治。发病前或发病初期，60%唑醚·代森联水分散粒剂对植株进行喷雾处理，用药量为36~60克/亩；或50%烯酰吗啉可湿性粉剂喷雾处理，用药量为15~20克/亩；或722g/L霜霉威盐酸盐水剂进行苗床浇灌，用药量为3.6~5.4g/cm^2。

第七节 黄瓜黑星病

黄瓜黑星病是一种世界性病害，对黄瓜生产造成巨大的损失。该病由瓜枝孢霉引起，在黄瓜的整个生育期均可发病，可危害茎、叶及果实。

一、发病症状

主要为害幼嫩部位，老叶和老瓜不敏感。幼苗染病，子叶上产生黄白色近圆形病斑，扩展后子叶腐烂、心叶枯萎，直至全株死亡。真叶发病，最初为褪绿的近圆形小斑点，逐渐扩大至干枯穿孔，病健交界处呈黄色星纹状，潮湿时病部容易产生橄绿色霉状物。瓜条染病，初为近圆形褪绿小斑，病斑处流胶，俗称“冒油”，后逐渐扩大为暗绿色凹陷斑，表面长出灰黑色霉层，病部停止生长，使瓜条畸形。茎蔓、卷须、叶柄均会感染黑星病，致变褐腐烂。

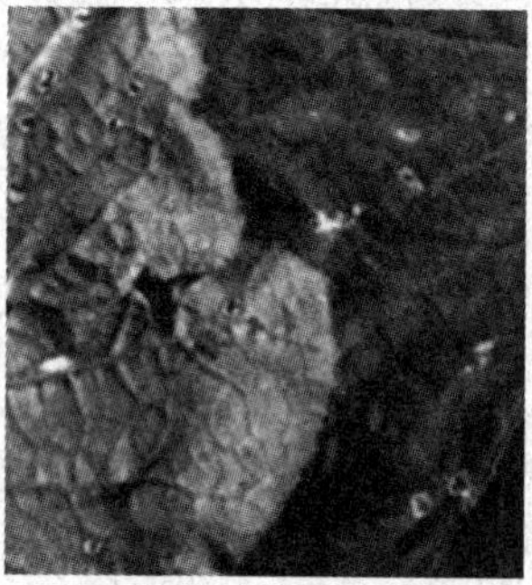

图 5－17　黄瓜黑星病叶片症状（蔬菜病虫害原色图谱）

图 5－18　黄瓜黑星病瓜条症状（蔬菜病虫害原色图谱）

二、发病规律症状

黄瓜黑星病菌以菌丝体随病残体在田间土壤中越冬，可从寄主的气孔、伤口或直接穿透表皮侵入植株。病菌生长发育的最适温度为15℃～25℃，温度超过35℃时不利于病菌生长，其分生孢子的萌发温度范围较宽，为5℃～30℃，pH值为5～7，但对湿度要求较高，需要93%－100%的相对湿度才能萌发，特别是有水膜存在时最为有利。低温、高湿和光照不足有利于黑星病的发生，连阴天、降雨时间长、雨量大病害易发生和流行，土壤黏重、黄瓜连茬、种植过密、前期长势差的田块发病重。

三、防治方法

（1）选用抗病品种。

（2）种子处理。55℃～60℃温水浸种15分钟，或使用冰乙酸100倍液浸种30分钟后洗尽催芽。

（3）加强栽培管理。利用生态防治，注重温湿度管理，白天控温28℃～30℃，晚上15℃，相对湿度低于90℃，减少叶面结露，可减轻发病。

（4）药剂防治。20%的腈菌·福美双可湿性粉剂兑水喷雾，用药量为20～27克/亩；400g/L氟硅唑乳油3000～4000倍液喷雾。

第八节　黄瓜灰霉病

黄瓜灰霉病是一种常发性病害，危害程度差异大，大棚和温室为害较重，茎、叶和果实均可染病。病原菌为灰葡萄孢，属半知菌亚门真菌。

一、发病症状

雌花染病，初在花蒂产生水渍状病斑，其上长出灰褐色霉层，致花器软化、萎缩至腐烂，并扩展至幼瓜。瓜条染病，病部变黄并逐渐长出白色至淡灰色霉层，致挂条停止生长、腐烂或脱落。叶片染病，产生不规则淡褐色病斑，边缘明显，其上长出少量灰霉，有时病斑会产生同心状的轮纹，天气干燥时，坏死的叶片呈焦枯状，病斑穿孔。茎部染病引起腐烂，瓜蔓折断，最后植株枯死。

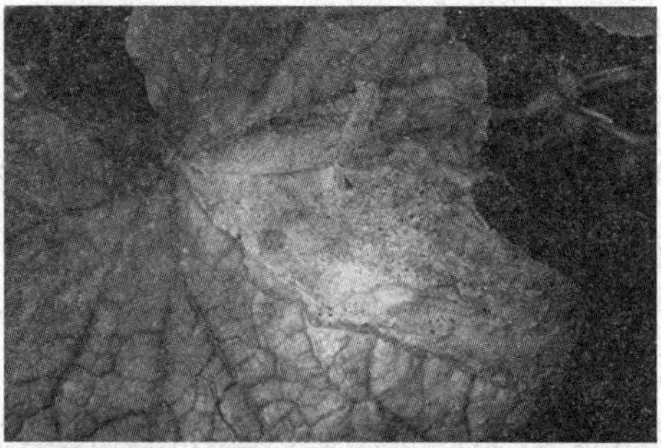

图 5－19　黄瓜灰霉病 V 字形病斑（蔬菜病虫害诊治图鉴）

图 5－20　黄瓜灰霉病具轮纹圆形病斑（蔬菜病虫害诊治图鉴）

二、发病规律症状

病菌以分生孢子、菌丝或菌核附着于病残体，或存于土壤中越冬，条件适宜时分生孢子随气流、雨水及农事操作进行传播蔓延，黄瓜结瓜期是该病侵染和烂瓜的高峰期。本菌于4℃~32℃能生长发育，最适温度为18℃~23℃，适宜湿度为90%以上。春季连阴天多，气温不高，棚内湿度大，结露持续时间长，放风不及时，发病重。

图5-21　黄瓜灰霉病病斑穿孔（蔬菜病虫害诊治图鉴）

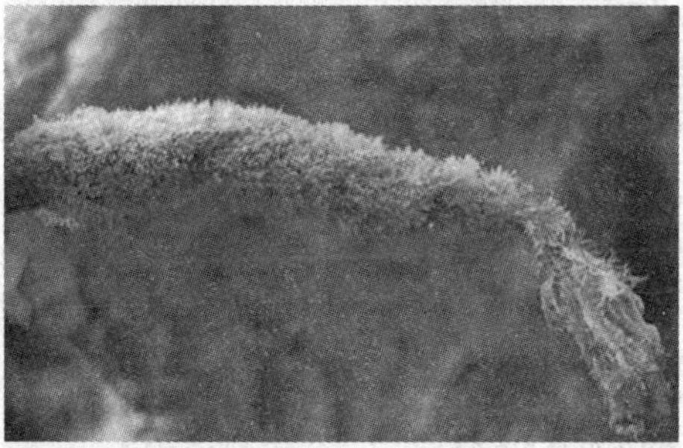

图5-22　黄瓜灰霉病瓜条发病症状（蔬菜病虫害诊治图鉴）

三、防治方法

（1）生态防治。推广高畦覆地膜或滴灌栽培，棚内控制浇水，适时放风，降低湿度，减少叶面结露和叶缘吐水，抑制病菌侵染。

（2）加强植株管理。及时清理病叶、病花及病果，减少侵染源。

（3）药剂防治。40%嘧霉胺悬浮剂兑水喷雾，用药量为25－37.5克/亩；50%腐霉利可湿性粉剂兑水喷雾，用药量为37.5－50克/亩；10%多美康素可湿性粉剂兑水喷雾，用药量为10－14克/亩。

第九节　黄瓜炭疽病

黄瓜炭疽病是由葫芦科刺盘孢菌 *Colletotrichum orbiculare* 侵染引起的，该菌属于半知菌亚门真菌。黄瓜炭疽病在春秋两季均可发生，防治难度大，严重影响黄瓜产量。

一、发病症状

黄瓜苗期到成株期均可发病。幼苗发病，子叶边缘出现椭圆形淡褐色病斑，上有淡红色胶质物，重者幼苗近地面茎基部变褐溢缩，至幼苗折倒。真叶上病斑近圆形，初为淡黄色，后为黄褐色，病斑边缘有黄色晕圈。茎部、叶柄染病，产生凹陷呈黄褐色的长圆形病斑，严重时病斑绕茎部连接，使病部以上植株枯死。潮湿时，病斑表面生成粉红色黏稠物。瓜条被害，产生水渍状浅绿色病斑，后发展为凹陷黑褐色病斑，表面生有粉红色黏稠物。

二、发病规律症状

主要以菌丝体或拟菌核在种子上，或随病残体在田间越冬，抑或在温室或塑料温室旧木料上存活。10℃～30℃均可发病，其中24℃发病重。在适宜温度环境下，空气湿度大，易发病，当空气湿度为87%～98%、温度为24℃时，潜育期只有3天，相对湿度低于54%则不能发病。早春塑料棚内温度较低，湿度高，叶面结有大量水珠，病害易流行。露地栽培，南方5－6月，北方7－9月，低温多雨条件下易发病，气温高于30℃，相对湿度低于60%，病势发展缓慢。连作、大水漫灌、通风不良、植株衰弱发病重。

图5－23　黄瓜苗期炭疽病子叶症状（蔬菜病虫害诊治图鉴）

图5－24　黄瓜植株为害症状（蔬菜病虫害原色图谱）

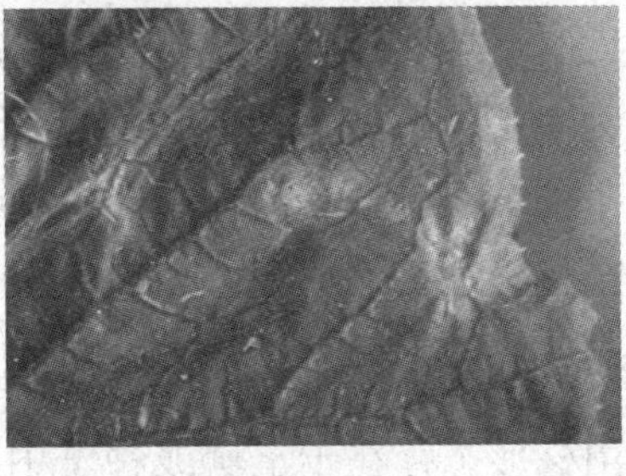

图5－25　黄瓜炭疽病叶片症状（黄瓜病虫害防治图谱）

三、防治方法

（1）加强温湿度管理。黄瓜炭疽病属于低温高湿病害，定植到结瓜期适量浇水，提高棚内温度，及时放风降低湿度，较少结露时间，杜绝病原菌的萌发和侵染。

（2）加强田间管理。及时除病灭虫，采摘应在露水干后进行，防止人为传播蔓延。

（3）药剂防治。发病前或发病初期，50%甲硫·福美双可湿性粉剂800～1000倍液；25%咪鲜胺乳油1000～1500倍液。

第十节 黄瓜菌核病

黄瓜炭疽病在全国普遍发生，以冬春季保护地发生最为严重，该病由核盘菌 *Sclerotinia sclerotiorum* 引起，属半知菌亚门真菌。

一、发病症状

苗期至成株期均可发病。幼苗期染病，茎基部产生水渍状病斑，而后扩展绕茎一周，幼苗猝倒。叶片发病产生灰白色不规则病斑，湿度大时呈湿腐症状。茎蔓受害，产生褪色水渍状斑，后逐渐扩大为淡褐色病斑。瓜受害脐部形成水浸状病斑，软腐。高温高湿条件下，病部表面长满棉絮状菌丝体，最后菌丝扭结形成黑色菌核。

二、发病规律症状

病菌主要以菌核形态存在于土壤或种子中越冬。南方2－4月或11－12月适其发病，北方2－4月或11－12月发病多。

该菌对水分要求较高，相对湿度高于 85%、温度 15℃～20℃利于萌发和菌丝生长、侵入及子囊盘产生。因此，低温、湿度大或多雨的早春或晚秋有利于该病发生和流行。连年种植葫芦科、茄科及十字花科蔬菜的田块，排水不良的低洼地或偏施氮肥或霜害、冻害条件下发病重。

图 5－26　黄瓜菌核病茎蔓发病症状（黄瓜病虫害防治图谱）

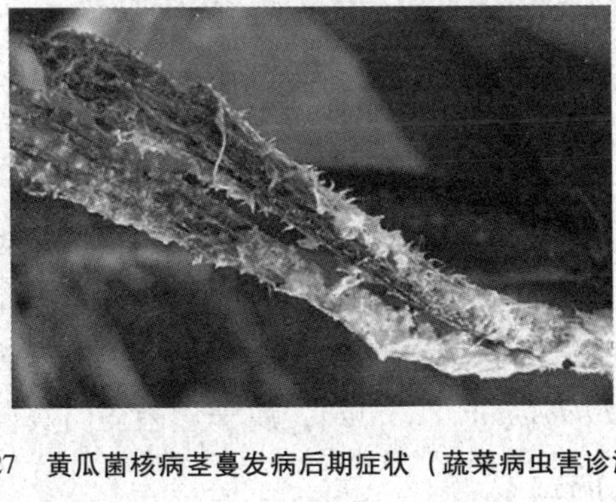

图 5－27　黄瓜菌核病茎蔓发病后期症状（蔬菜病虫害诊治图鉴）

三、防治方法

（1）移栽前土壤处理。病田灌水浸泡半个月，或收获后深翻土地；定植前用 2.5% 咯菌腈悬浮剂 5mL/m^2 混匀后均匀撒在土表，或耙入土中。

图 5－28　黄瓜瓜条发病症状（蔬菜病虫害诊治图鉴）

（2）生态防治。相对湿度控制在 65% 以下，防止浇水过量。及时摘除老、黄、病叶。

（3）种子处理。用 52℃温水浸种 30 分钟，烫死菌核，然后浸种催芽。或用 10% 盐水漂洗种子 2～3 次。

（4）药剂防治。发病初期，使用 40% 菌核净可湿性粉剂 600～800 倍液喷雾处理。

第十一节　黄瓜白粉病

黄瓜白粉病是黄瓜生产上常见病害之一，在全国各地均有发生，由于白粉病主要为害黄瓜叶片，严重影响植株的光合作用，因此对黄瓜造成很大的产量损失。该病的病原菌为瓜类单丝壳白粉菌 *Podospnaera xanthii*，属子囊菌亚门真菌。

一、发病症状

俗称“白毛病”，苗期至成株期均可发病，叶片发病较重，叶柄、茎次之，果实发病轻。发病初期，叶表面或茎上产生近圆形粉色小斑，逐渐扩大为边缘不明显的白色大粉斑，病斑上布满白粉。发病后期，白色霉斑逐渐变为灰色，叶片黄化干枯，但不落叶。有时病斑密布黄褐色小粒点。

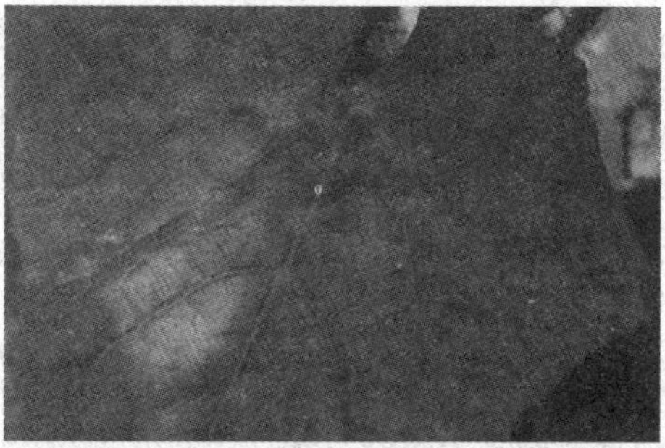

图5-29　黄瓜白粉病叶片初期症状（黄瓜病虫害防治图谱）

图5-30　黄瓜白粉病叶片后期发病症状（吴婕提供）

图5-31　黄瓜白粉病茎蔓发病症状（蔬菜病虫害诊治图鉴）

二、发病规律症状

白粉菌为专性寄生菌，必须在活寄主上才能发育和生长。分生孢子萌发温度为10℃～30℃，最适温度为20℃～25℃，孢子萌发不要求有水滴，相对湿度以50%～85%最为有利，湿度超过95%会受到抑制。当气温16℃～24℃，遇连阴天，光照不足，天气闷热或雨后放晴、但田间湿度仍然高时，白粉病很易流行。叶片展开后16～28天最易感病，这段时间是防治白粉病的黄金时期。

三、防治方法

（1）选用抗病品种。

（2）合理施肥。要适当配合使用磷钾肥，防止脱肥早衰，增强植株抗病性。

（3）药剂防治。发病前或发病初期，30%氟菌唑可湿性粉剂2500～3500倍液喷雾处理；25%嘧菌酯悬浮剂1500～2500倍液喷雾处理；10%苯醚甲环唑水分散粒剂1500倍液喷雾处理。

第十二节　黄瓜根腐病

黄瓜根腐病是黄瓜的常见病害，主要为害根部和近地面的茎部，病原菌为腐皮镰刀菌 *Fusarium solani*，属半知菌亚门真菌。

一、发病症状

主要侵染根及茎部，初为水渍状，后腐烂。茎溢缩不明显，病部腐烂处的维管束变褐，与枯萎病不同，病情不向上发展。后期病部变糟，只剩丝状维管束。

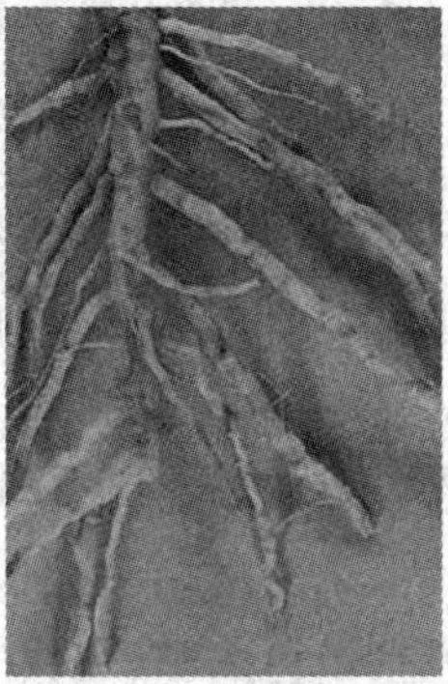

图 5－32

二、防治方法

(1) 合理轮作。可与白菜、葱、蒜等蔬菜实行两年以上轮作，或与水稻实行水旱轮作。

(2) 清除病残体，撒消石灰处理土壤，进行浅中耕，采用高畦栽培。

(3) 药剂处理。发病初期，3%恶霉·甲霜水剂 600～800 倍液灌根处理；80%多·福·福锌可湿性粉剂 500～700 倍液灌根处理；70%甲基硫菌灵可湿性粉剂 600～800 倍液灌根处理。

第十三节　黄瓜细菌性角斑病

黄瓜细菌性角斑病在我国东北、内蒙古、华北及华东等地区普遍发生，严重时病叶率可达 70%，是保护地黄瓜重要病害之一。该病病原菌为丁香假单胞杆菌黄瓜角斑病致病变种 *Pseudomonas syringae pv. Lachrymans*，属细菌。

一、发病症状

主要为害叶片、叶柄、卷须和果实，有时也侵染茎。苗期至成株期均可受害，成株期叶片受害尤为严重。叶片染病，初为鲜绿色水渍状斑，渐变为淡褐色，病斑受叶脉限制为多角形，湿度大时叶背面溢出乳白色菌脓，干后具白痕，易穿孔。茎、叶柄、卷须染病，浸染点出现水渍状小点沿茎沟纵向扩展，呈短条状，湿度大时有菌脓，严重时纵向开裂腐烂、变褐干枯，表层留有白痕。瓜条染病，初呈水渍状小斑，扩展后连成一片，病斑上产生大量白色菌脓，腐烂有臭味。

图5－33　黄瓜细菌性角斑病叶片背面初期症状（瓜类蔬菜病虫防治原色图谱）

图5－34　黄瓜细菌性角斑病叶片典型症状（蔬菜病虫害诊治图鉴）

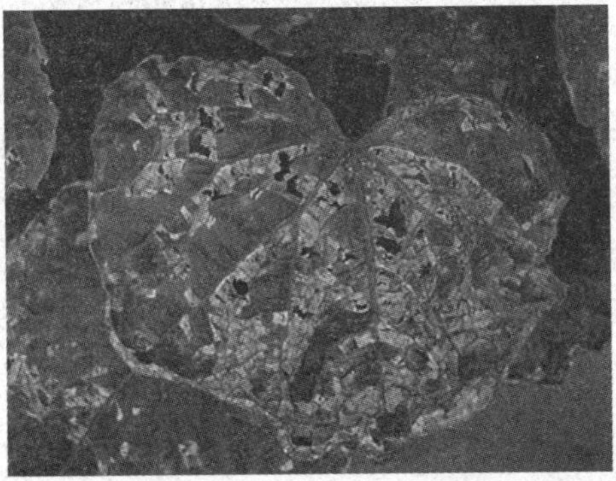

图5－35　黄瓜细菌性角斑病叶片后期症状（蔬菜病虫害诊治图鉴）

二、发病规律症状

病原菌在种子内、外或随病残体在土壤中越冬，成为翌年初侵染源。病菌主要靠气流或雨水进行传播，发病温度为10℃～30℃，适温为24℃～28℃，相对湿度为70%以上。塑料棚低温高湿有利于发病，病斑大小与湿度密切相关：夜间饱和湿度大于6h，病斑大且典型；湿度低于85%或饱和湿度小雨3h，病斑小；昼夜温差大，结露重且时间长，发病重。

三、防治方法

与非瓜类作物实行2年以上轮作。

（1）种子处理。72%农用硫酸链霉素可溶性粉剂1000～1500倍液浸种2小时，清洗干净后催芽。

（2）生态防治。控温降湿，浇水要在晴天上午进行，雨天不浇水。

（3）药剂防治。发病前或发病初期，2%春雷霉素水剂兑水喷雾处理，用药量为2.8～3.5克/亩；77%氢氧化铜可湿性粉剂兑水喷雾处理，用药量为34.65～46.2克/亩；50%琥铜·甲霜灵可湿性粉剂兑水喷雾处理，用药量为75～100克/亩。

第十四节 黄瓜花叶病毒病

病原菌主要为黄瓜花叶病毒（CMV）和烟草花叶病毒（TMV）。

一、发病症状

黄瓜病毒病为系统性病害，病毒可感染除生长点以外任何部位。苗期染病，子叶黄化枯萎，幼叶出现浅绿色和深绿色相间的花叶状，伴有畸形、皱缩症状。成株期染病，新叶呈黄绿相间的花叶状，病叶小且皱缩，严重时叶片反卷；瓜条染病，呈浅绿至深绿花斑，果面凹凸不平或畸形。

图 5－36　黄瓜病毒病花叶症状

二、发病规律症状

病毒主要存在于桃蚜和棉蚜等传毒蚜虫体内，在多年生宿根植物上越冬，如反枝苋、刺儿菜、酸浆等寄主，每当春季发芽后，蚜虫开始活动或迁飞，成为传毒的主要媒介。发病适温20℃，高于25℃多表现为隐症。

三、防治方法

（1）注重蚜虫防治，切断传毒介体。

（2）选用无病种子，播种前可用55℃温水浸种40分钟，以钝化病毒。

（3）药剂防治。发病前或发病初期，可用25%琥铜·吗啉胍可湿性粉剂600～800倍液喷施叶片，或5%菌毒清水剂300～500倍液。

第十五节　冬瓜枯萎病

枯萎病是一种世界性的土传病害，国内瓜类作物普遍发生。连作的栽培方式是枯萎病流行的重要原因，发病严重时引起大面积的死秧，造成巨大的经济损失。冬瓜枯萎病的病原菌为尖镰孢菌冬瓜专化型（*Fusarium oxysporum*（*Schl.*）f. sp. *benincasae* S. D. Xie,），属半知菌亚门真菌。

一、发病症状

苗期至成株期均可发病。苗期发病时茎基部变褐缢缩，幼苗猝倒。成株期发病，叶片不变黄即萎蔫，早晚能恢复，后期不能恢复，植株枯死。湿度大时，茎基病部纵裂，常有树脂状胶质溢出，上有粉红色霉状物。纵剖茎部，可见维管束变褐。

二、发病规律症状

病菌以菌丝体或厚垣孢子随病残体在土壤中越冬，成为初侵染源，主要从根部伤口或根冠细胞间隙侵入，地上部分的重复侵染主要靠灌溉水或雨水，地下部分的再侵染当年很少发生。土壤过分干旱、重茬、根结线虫及地下害虫危害发病重。

图5－37　冬瓜枯萎病田间发病症状（瓜类蔬菜病虫防治原色图谱）

图5－38　冬瓜枯萎病茎部维管束发病症状（瓜类蔬菜病虫防治原色图谱）

三、防治方法

（1）移栽时注意减少瓜苗伤口，小水勤灌，不要大水漫灌；适时中耕松土，增加土壤透气性。

（2）种子处理。用1%福尔马林浸种20～30分钟，或70%甲基硫菌灵可湿性粉剂500倍液浸泡1小时，清水洗净催芽。

（3）药剂防治。发病前或发病初期，50%苯菌灵可湿性粉剂800～1000倍液喷雾处理，或5%水杨菌胺可湿性粉剂800～1000倍液。

第十六节　冬瓜疫病

疫病是蔬菜作物生产中的一种常见病害，在全国各地均有发生，尤其在南方雨水较多地区危害严重。冬瓜疫病由掘氏疫霉（*Phytophthora drechsleri* Tucker）引起，属假菌界卵菌门疫霉属。

一、发病症状

图 5－39　冬瓜疫病茎部发病症状

图 5－40　冬瓜疫病茎蔓发病症状（瓜类蔬菜病虫防治原色图谱）

主要危害茎、叶、果实，整个生育期均可发病。茎部染病，茎基部初呈水渍状暗绿色，逐渐软化缢缩，变为深褐色或黑色，上部叶片萎蔫下垂，最后植株死亡。叶片发病，初呈不规则形暗绿色水渍状病斑，边缘不明显，之后逐渐扩大直至腐烂。果实染病，出现水渍状暗绿色凹陷病斑，湿度大时，病斑上密布白色稀疏霉状物。

二、发病规律症状

以菌丝体、卵孢子或厚垣孢子随病残体在土壤中越冬，翌年温湿度适宜，产生孢子囊，随雨水或灌溉水传播。在一定温度条件下，降雨多的年份发病重，雨季来这早或降雨量正常发病轻。不合理的排灌，或地势低洼、排水不良、重茬地、施用未腐熟的有机肥及偏施氮肥均有利于病害的发生和流行。

三、防治方法

（1）高畦栽培，避免积水。

（2）种子处理。可用25%甲霜灵可湿性粉剂800倍液浸种30分钟，然后洗净用清水催芽。

（3）药剂防治。发病前或发病初期，72%锰锌·霜脲可湿性粉剂500~800倍液处理，或66.8%异丙菌胺可湿性粉剂600~800倍液处理。

第十七节　冬瓜炭疽病

冬瓜炭疽病由葫芦科刺盘孢（*Colletotrichum lagenarium*）引起，属半知菌亚门真菌。

一、发病症状

主要为害叶、茎、果实。叶片被害，近圆形病斑随机分布于叶片上，初为水渍状，后变为黄褐色，病斑周围有黄色晕圈，后期病斑干裂。茎蔓上的病斑圆形至梭形，呈灰白色，稍凹陷。果实发病，初为水渍状浅绿色病斑，后呈黑褐色凹陷的近圆形病斑。潮湿时，病斑上出现粉红色黏稠物。

图 5 – 41　冬瓜炭疽病叶片发病症状（瓜类蔬菜病虫防治原色图谱）

图 5 – 42　冬瓜炭疽病茎蔓发病症状（瓜类蔬菜病虫防治原色图谱）

图 5 – 43　冬瓜炭疽病病瓜症状（绿色食品蔬菜病害虫防治图谱）

二、防治方法

（1）田间操作应在无露水时进行，避免人为传播。

（2）种子处理。可用50%代森铵水剂500倍液浸泡1小时，之后洗净催芽。

（3）药剂处理。发病初期，20%苯醚·咪鲜胺微乳剂2500～3500倍液喷雾处理；或25%嘧菌酯悬浮剂兑水喷雾处理，用药量为12～22.5克/亩。

第十八节　冬瓜白粉病

主要流行于各大冬瓜产地，是瓜类一种常见病害。病原菌为瓜类单丝壳白粉菌 *Sphaerotheca cucurbitae*，属子囊菌亚门真菌。

一、发病症状

主要为害叶片，初在叶片上形成白色近圆形小粉斑，后病斑扩大呈白色粉状，严重时整片叶表面密布白粉，叶片黄化，一般不脱落。

二、发病规律症状

白粉病菌可在月季花或大棚及温室的瓜类作物或病残体上越冬，作为来年的初侵染源。田间再侵染主要是发病后产生的分生孢子借助气流或雨水传播。白粉病在10℃～25℃均可发生，能否流行取决于湿度和寄主的长势。雨后干燥，或少雨但田间湿度大，白粉病流行速度快。较高的湿度有利于孢子萌发和侵入，高温干燥的条件有利于孢子繁殖和病情扩展，尤其当高温干燥和高湿条件交替出现时，此病极易流行。白粉病菌的分生孢子在45%左右的低湿条件下仍能萌发，但是叶面结露、水膜存在时间长的情况下，病菌生长发育受到抑制。

图5－44　冬瓜白粉病病叶初期症状（瓜类蔬菜病虫防治原色图谱）

图5－45　冬瓜白粉病病叶后期症状

三、防治方法

（1）选择通风良好、排灌方便的地块进行种植，增施磷钾肥，防止早衰，增强植株抵抗力。

（2）药剂防治。发病初期，2%嘧啶核苷类抗生素水剂150～300倍液喷雾处理，或30%嘧菌酯悬浮剂2000～2500倍液。

第十九节　丝瓜蔓枯病

丝瓜蔓枯病的病原为西瓜壳二孢菌（*Ascochyta citrullina*

Smith)，属半知菌亚门真菌。

一、发病症状

主要为害茎蔓，也可为害叶片和果实。茎蔓上病斑椭圆至梭形，灰褐色，边缘褐色，有时并不一处琥珀色胶质物，最终茎蔓枯死。叶片发病，病斑较大呈近圆形，病部褐色，边缘黄色，有的具轮纹，易破裂。(图片类似于黄瓜蔓枯病)

二、发病规律症状

病菌以菌丝体或分生孢子器随病残体在土壤中越冬，分生孢子萌发产生芽管从气孔、水孔或伤口侵入，进行初侵染和再侵染，经过 7～8 天潜育期后发病，病菌靠雨水飞溅、农事操作传播。病原菌喜温、湿条件，温度在 20℃～25℃，相对湿度在 85% 以上，土壤湿度大时极易发病。偏施氮肥发病重。

三、防治方法

（1）改善通风通气条件，合理灌水，及时排水。

（2）种子处理。40% 福尔马林 100 倍液浸种 30 分钟，然后清水洗净催芽。

（3）药剂处理。发病前或发病初期，70% 丙森锌可湿性粉剂 600～800 倍液，或 325g/L 苯甲·嘧菌酯悬浮剂 500～2500 倍液。

第二十节　丝瓜白粉病

由苍耳叉丝单囊壳（*Podosphaera xanthii*）引起，属子囊菌亚门真菌。

一、发病症状

主要为害叶片、叶柄或茎。初在叶片或嫩茎上出现白色小霉点，霉点逐渐扩大，成为白色粉状的圆斑，而后连成一片，叶表面密布白粉状霉层，致叶片卷曲或黄枯，但不脱落，条件不适时，霉层变为灰色，其上长出黑色小粒点。

图 5－46　丝瓜白粉病叶片发病症状

二、发病规律症状

病原菌在病残体或棚室内其他作物上越冬，病菌可借助气流和雨水传播，发病后病斑上产生大量分生孢子，成为再侵染源。雨后干燥、或少雨，但田间湿度大时，白粉病易流行。

三、防治方法

（1）使用适量磷钾肥，防止脱肥早衰，增强植株抵抗力。

（2）药剂防治。发病初期，75% 百菌清可湿性粉剂 600 ~ 800 倍液喷雾处理，或 70% 硫黄·甲硫灵可湿性粉剂 800 ~ 1000 倍液，或 40% 氟硅唑乳油 4000 倍液。

第二十一节　丝瓜褐斑病

病原菌为瓜类尾孢（*Cercospora citrullina* Cooke），属半知

菌亚门真菌。

一、发病症状

主要为害叶片。病斑近圆形或不规则形，灰褐色至褐色，病斑边缘有时出现褪绿或黄色晕圈，霉少见。早晨日出或傍晚日落时，病斑上可见银灰色光泽。

图 5－47　丝瓜褐斑病病叶症状

二、发病规律症状

病原菌随病残体在土壤中越冬。条件适宜时产生分生孢子，借助气流传播。温暖高湿、偏施氮肥、连作地块发病重。

三、防治方法

（1）实行和非瓜类作物 2 年以上轮作。

（2）加强田间管理。施足底肥，实行高垄覆膜，及时排水，雨后浅中耕。合理密植，保障田间通风透光。

（3）药剂防治。发病初期，50% 咪鲜胺锰盐可湿性粉剂 500～2000 倍液喷雾处理，或 25% 溴菌腈可湿性粉剂 500～1000 倍液。

第二十二节　丝瓜霜霉病

由古巴假霜霉菌（*Pseudoperonospora cubensis*（Berk. et Curt.）Rostov.）引起，属鞭毛菌亚门真菌。

一、发病症状

主要危害叶片。初在叶片产生不规则褪绿小斑，后受叶脉限制扩大成多角形黄褐色病斑，湿度大时叶背面有紫黑色霉层，后期发病严重整夜枯死。

图5－47　丝瓜霜霉病病叶症状

二、发病规律症状

南方周年种植丝瓜地区，病菌在叶片上越冬或越夏。在北方，病菌孢子囊通过季风从南方或邻近地区吹来，进行初侵染和再侵染。结瓜期阴雨连绵或湿度大则发病重。

三、防治方法

（1）选择抗病品种种植。

（2）合理密植，及时整枝。

（3）药剂防治。发病初期，84.51%霜霉威·乙膦酸盐可溶性水剂600～1000倍液喷雾处理，或52.5%恶酮·霜脲氰水分散粒剂500～2000倍液。

第二十三节　丝瓜病毒病

由多种病毒引起，以黄瓜花叶病毒（CMV）为主，此外还有甜瓜花叶病毒（MMV），烟草环斑病毒（TRSV）。

一、发病症状

幼嫩叶片感病呈浅绿和深绿相间斑驳或褪绿小环斑。老叶染病现黄色环斑或黄绿相间花叶，叶片皱缩或畸形。严重时，叶片变硬、发脆，叶缘缺刻加深，后期产生枯死斑。果实发病，病果呈螺旋状畸形或细小扭曲，表面褪绿。

图5－48　丝瓜病毒病病叶畸形皱缩

二、发病规律

黄瓜花叶病毒可在菜田多种寄主或杂草上越冬，在丝瓜生长期间，除蚜虫传毒外，农事操作及汁液接触也可传播蔓延。甜瓜花叶病毒可通过种子带毒，烟草环斑病毒主要靠汁液摩擦传毒。

三、防治方法

（1）适时定植，及时淘汰病苗和弱苗。

（2）注意防治蚜虫，切断病毒传播的介体。

（3）种子处理。可用10%磷酸三钠浸种20分钟，然后清水洗净催芽播种。

（4）药剂防治。发病初期，可用5%菌毒清水剂300~500倍液喷雾处理，或4%嘧肽霉素水剂200~300倍液。

第二十四节　苦瓜枯萎病

由尖镰孢菌苦瓜专化型引起（*Fusarium oxysporum* f. sp. *momordicaenov*），属半知菌亚门真菌。

一、发病症状

植株地上部分表现枯萎，叶片萎蔫下垂直至变黄枯萎，剖开茎部可见维管束变褐，潮湿时病部软化腐烂，只剩维管束组织。

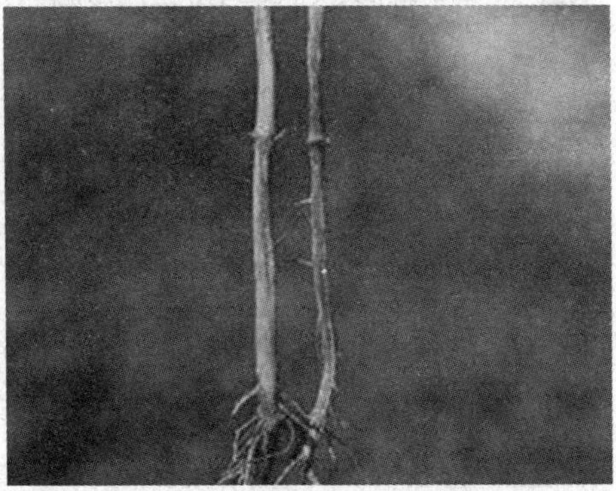

图5-49　苦瓜枯萎病茎基部发病症状

二、发病规律症状

病菌以厚垣孢子或菌丝体在土壤、肥料中越冬，成为翌年初侵染源，病部产生的大、小分生孢子通过灌溉水或雨水飞溅，从植株地上部分的伤口侵入，进行再侵染，土表和杂草丛中的病原菌能存活12～18个月。地势低洼、植株根系不发达、天气湿闷发病重。

三、防治方法

（1）可与水稻轮作1年，建议使用充分腐熟的有机肥。

（2）用育苗盘育苗，减少伤根。

（3）适当中耕松土，增加土壤透气性。

（4）种子处理。可用50%多菌灵可湿性粉剂500倍液浸种1小时，清水洗净催芽。

（5）药剂防治。发病初期，70%恶霉灵可湿性粉剂2000倍液淋浇或灌根，或68%噁霉·福美双可湿性粉剂800～1000倍液。

第二十五节　苦瓜白粉病

由苍耳叉丝单囊壳（*Podosphaera xanthii*）引起，属子囊菌亚门真菌。

一、发病症状

主要为害叶片，发病初期叶片出现近圆形粉色小斑，逐渐扩展，相互连接，病部密布白色粉状物，最后叶片变黄枯死，植株生长受阻，生育期缩短，产量降低。

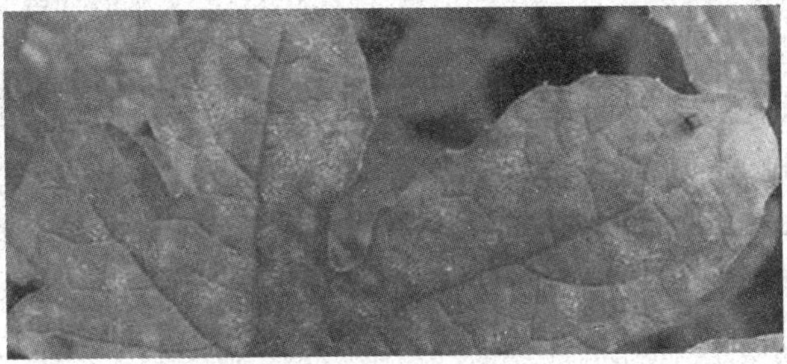

图5－50　苦瓜白粉病病叶症状

二、发病规律症状

寒冷地区，病菌以菌丝体或闭囊壳在寄主或病残体上越冬，翌年以孢子囊作为初侵染源，而后病部产生分生孢子进行再侵染，使病害蔓延扩展。温暖地区，病菌不产生闭囊壳，以分生孢子进行初侵染和再侵染，完成病害循环，无明显越冬期。温暖湿闷的天气，偏施氮肥或肥料不足，植株生长过盛或不良发病重。

三、防治方法

（1）拉秧后彻底清除病残组织，切断病源。

（2）加强田间管理，适时追肥和浇水，增强植株抗病性。

（3）药剂防治。发病初期，10%苯醚甲环唑水分散粒剂1500倍液喷施处理，或430g/L戊唑醇悬浮剂兑水喷雾，用药量为77.4～116.1克/公顷。

第二十六节　苦瓜疫病

病原菌为掘氏疫霉（*Phytophthora drechsleri* Tucker）引起，属假菌界卵菌门疫霉属。

一、发病症状

主要为害茎、叶、果实。先从茎基部开始侵染，初呈水渍状暗绿色，后边淡褐色，软化缢缩，病部以上叶片萎蔫下垂，但仍保持绿色。叶片发病多从叶缘或叶尖开始，初呈水渍状暗绿色病斑，边缘不明显；潮湿时，病斑扩展较快，病叶腐烂；干燥时，病斑扩展慢，边缘褐色，中部青白色，易干枯脆裂。果实染病，从花蒂处侵染，果面出现水渍状暗绿色近圆形凹陷病斑，无明显边缘，后期病果皱缩腐烂，表面生有白色稀疏霉状物。

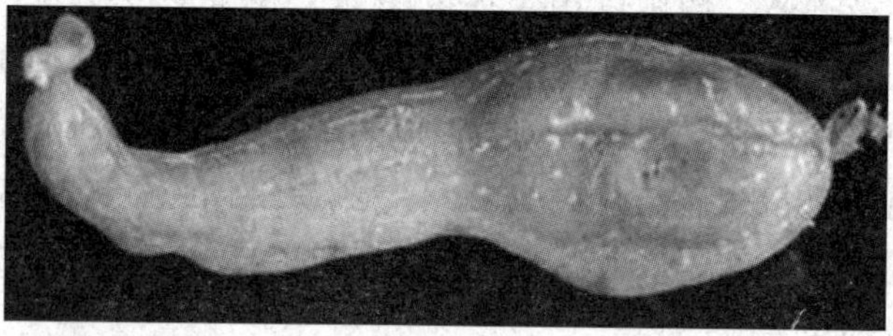

图 5－51

二、发病规律症状

其传播途径和发病条件与黄瓜疫病类似。

三、防治方法

（1）与非瓜类作物实行多年轮作，高畦栽植，避免积水。

（2）发现病株，及时拔除深埋，同时浇水减至最低，防止疫病扩展。

（3）种子处理。可用 72.2% 霜霉威水剂 800 倍液浸种半小时，后用清水洗净催芽。

（4）药剂防治。发病初期，可用 66.8% 丙森·异丙菌胺可湿性粉剂 600～800 倍液兑水喷雾，或 100g/L 氰霜唑悬浮剂 2000～3000 倍液。

第二十七节　苦瓜霜霉病

病原菌为古巴假霜霉菌（*Pseudoperonospora cubensis* (Berk. et Curt.) Rostov.），属假菌界卵菌门霜霉属。

一、发病症状

主要为害叶片。真叶染病，叶缘或叶背面出现水渍状不规则病斑，受叶脉限制病斑呈多角形淡褐色斑块，边缘不明显，湿度大时叶背面出现黑色霉层。后期病斑连片，有的破裂。

二、发病规律症状

在寒冷地区，病菌可在温室或大棚活体植株上存活，条件适宜时向陆地寄主侵染传播。在温暖地区，田间周年都有瓜类寄主存在，病菌以孢子囊借风雨辗转为害，无明显越冬期。病菌萌发温度要求4℃～32℃，以15℃～19℃为最适，低温阴雨易诱发本病。

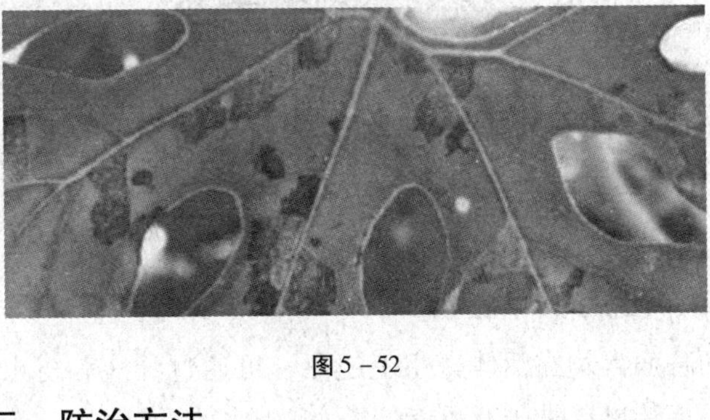

图5－52

三、防治方法

（1）种植区域选择地势较高、排水良好的地块。

（2）药剂防治。发病前或发病初期，可用25%嘧菌酯悬浮剂1500～2000倍液兑水喷雾，或69%锰锌·氟吗啉可湿性粉剂1000～2000倍液。

第二十八节　苦瓜病毒病

该病主要害由黄瓜花叶病毒（CMV）、西瓜花叶病（WMV）或BGYMV等病毒单独或复合侵染所致。

一、发病症状

该病害在苦瓜全生育期均可发病。幼苗染病，叶片变小、皱缩，节间缩短，全株矮化，有时出现花叶症状，不结瓜或结瓜少。成株期染病，叶片皱缩，叶色浓淡不均呈斑驳状，嫩梢畸形，结瓜小或扭曲，病株往往提早枯死。

图5－53

二、发病规律症状

两种病毒均在活体寄主上越冬，可通过汁液和蚜虫传染。土壤不能传染，种子有可能传染。

三、防治方法

（1）发现病株，及时拔除，定期清理田间杂草。

（2）接触过病株的手和农具，可用肥皂水冲洗，杜绝病毒人为传染。

（3）苗期注意防治蚜虫。可用2.5%溴氰菊酯乳油2000～3000倍液兑水喷雾，或3%啶虫脒乳油2000～3000倍液。

（4）药剂防治。发病前，可用5%菌毒清水剂300～500倍液兑水喷雾，或25%琥铜·吗啉胍可湿性粉剂600～800倍液。

第二十九节　南瓜白粉病

病原菌为苍耳叉丝单囊壳（*Podosphaera xanthii*），属子囊菌亚门真菌。

一、发病症状

可为害叶片、叶柄和茎蔓。被害叶片表面密布白色小霉点，逐渐扩大为霉斑，彼此连片，白色粉状物覆盖叶片，秋末霉斑变成灰色，其上长有黑色小粒点，即闭囊壳。

图5－54　冬瓜白粉病病叶中期症状

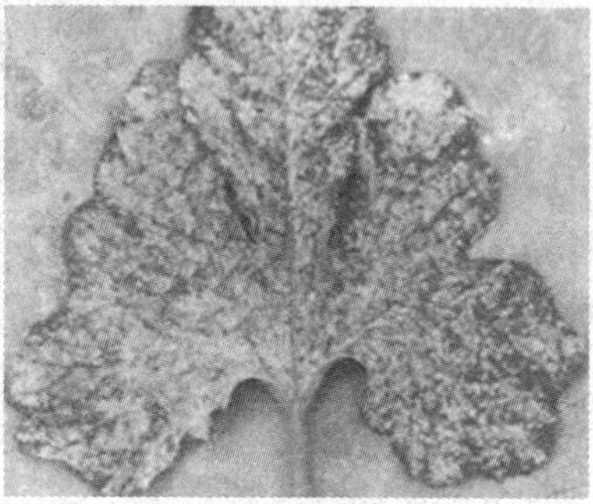

图5－55　冬瓜白粉病病叶后期症状（蔬菜病虫实用原色图谱）

二、发病规律症状

在寒冷地区，病菌主要以闭囊壳随病残体在土壤表面存活越冬，成为翌年的初侵染源，温暖地区则以菌丝体越冬。分生孢子主要通过气流传播，其萌发温度为10℃～30℃，以20℃～25℃最适，且需要较高的湿度。田间干湿交替的环境条件发病重。

三、防治方法

（1）选用抗病品种。

（2）选用通风良好、排灌方便的地块种植。

（3）药剂防治。发病初期，可用25%嘧菌酯悬浮剂1000～2000倍液兑水喷雾，或60%硫黄·甲硫灵可湿性粉剂。

第三十节　南瓜花叶病毒病

主要由甜瓜花叶病毒和南瓜花叶病毒引起。

一、发病症状

主要为害叶片和果实。叶片呈现浅绿和深绿相间的斑驳花叶，叶面凹凸不平，叶脉表现皱曲，顶部嫩叶症状比老叶明显。果实表面出现褪绿斑，表皮皱缩。

图 5－56　南瓜病毒病病叶发病症状（来自刘金亮）

图 5－57　南瓜病毒病果实发病症状（来自刘金亮）

图 5－58　南瓜病毒病果实发病症状

二、发病规律症状

甜瓜花叶病毒由种子带毒，棉蚜、桃蚜传毒，南瓜花叶病毒主要通过汁液摩擦，或黄瓜条叶甲、十一星叶甲等传毒。田间种子带毒率高、管理粗放、虫害多，发病也重。

三、防治方法

（1）选用无病种子。

（2）种子处理。使用0.1%高锰酸钾溶液浸种40分钟后用清水洗后浸种催芽，也可将种子置于70℃恒温箱中进行干热处理72小时。

（3）药剂防治。发病前或发病初期，可用25%琥铜·吗啉胍可湿性粉剂600～800倍液兑水喷雾，或2%宁南霉素水剂200～400倍液。

第三十一节　南瓜疫病

由辣椒疫霉（*Phytophthora capsici*）引起，属假菌界卵菌门疫霉属。

一、发病症状

主要为害茎蔓、叶片和果实。茎部染病，初呈水渍状，逐渐变细缢缩，病部以上枯死，最后病部表面产生白色霉层。病叶表面出现圆形暗绿色水渍状病斑，逐渐扩大，叶片软腐或下垂。病果果皮生有暗绿色近圆形病斑，潮湿时病斑凹陷腐烂，其上生出一层稀疏的白色霉层。

二、发病规律症状

传播途径、发病条件和黄瓜疫病相似。

图5-59　南瓜疫病叶片后期发病症状（瓜类蔬菜病虫防治原色图谱）

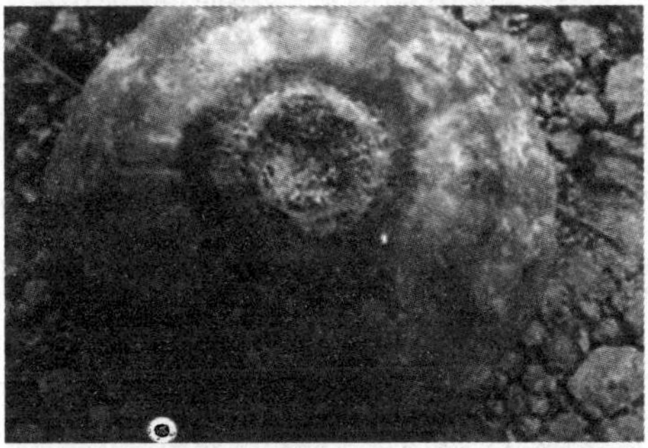

图5-60　南瓜疫病果实发病症状（瓜类蔬菜病虫防治原色图谱）

三、防治方法

（1）注意控制浇水，如发现疫病，浇水减至最低量，控制病情发展。

（2）种子处理。可用72.2%霜霉威水剂800倍液浸种半小时，洗净催芽播种，或40%福尔马林150倍液浸种半小时，洗净晾干催芽播种。

（3）药剂处理。发病前，可用50%福美双可湿性粉剂600~800倍液作为保护剂；发病前期，使用69%锰锌·烯酰可湿性粉剂800~1000倍液兑水喷雾，或10%氰霜唑悬浮剂2000~2500倍液。

第三十二节　南瓜蔓枯病

由蔓枯亚隔孢壳（*Didymella bryoniae*）引起，属子囊菌亚门亚隔孢壳属真菌。

一、发病症状

主要为害茎蔓和叶片。茎蔓染病，病斑椭圆形至长梭形，褐色至灰褐色，有时溢出琥珀色的树脂状胶质物，严重时造成蔓枯。叶片染病，病斑呈褐色圆形或不规则形，边缘微具轮纹。果实染病，轻则形成近圆形灰白色斑，大小约5～10mm，具褐色边缘，发病重时形成不规则褪绿或黄色圆斑，后颜色变深至褐色或黑色，引起果实干腐。

图5－61　南瓜蔓枯病幼苗发病症状（蔬菜病虫害诊治图鉴）

二、发病规律症状

病菌以分生孢子器、子囊壳随病残体或在种子上越冬。翌年，病菌可穿透表皮直接侵入幼苗，对老的组织或果实多由伤口侵入。最适菌丝生长和孢子萌发的温度为24℃～28℃，在8℃～24℃范围内，孢子萌发率随温度升高而升高，高于

28℃，萌发率明显下降。

图 5－62 幼苗茎蔓发病症状（蔬菜病虫害诊治图鉴）

图 5－63 叶片中期发病症状（蔬菜病虫害诊治图鉴）

三、防治方法

（1）适量浇水，施足腐熟肥，发现病叶及时摘除。

（2）种子处理。用 55℃温水浸种 15 分钟，转至冷水中浸泡 6～8 小时，最后催芽播种；也可用 0.3% 的福美双可湿性粉剂拌种后播种。

（3）药剂防治。发病初期，可用325g/L苯甲·嘧菌酯悬浮剂1500～2500倍液兑水喷雾，或40%氟硅唑乳油3000～4000倍液。

第六章　十字花科蔬菜病虫害识别与绿色防控

第一节　软腐病

十字花科软腐病俗称烂疙瘩、水烂，是一种由细菌侵染引起的植物病害，主要在十字花科蔬菜的生长期和储藏期造成腐烂，影响蔬菜品质。软腐病寄主广泛，主要为害十字花科蔬菜中的白菜、甘蓝、萝卜等，此外软腐病还会危害辣椒、马铃薯、大葱等其他蔬菜。

一、症状

十字花科软腐病的病状因寄主、部位、环境条件的不同而有差异。

大白菜、甘蓝发病早期，外部叶片在病变部位呈水渍状，然后慢慢变成浅褐色。在太阳下表现出萎蔫症状，但早晚恢复正常。数日后外叶彻底萎蔫，露出叶球和心部，发生后期叶柄基部和根茎部心髓组织完全腐烂，充满灰褐色黏稠物，并发出恶臭。腐烂的病叶经日晒逐渐变干，最后失水干枯变成薄纸状。

花椰菜和青花菜发病始于生长中后期，特别是花球形成增大期间，主要危害花球，也能危害主茎和叶片。症状与大白菜软腐病相似。

萝卜主要受害部位为肉质根、叶片。受害部位水渍状，病健交界处明显，后期向四周扩散形成软腐病斑，并常有汁液渗出。纵切肉质根，可见心部软腐，最后溃烂一团，但外皮较正常。

十字花科其他蔬菜软腐病症状与大白菜大致相同。

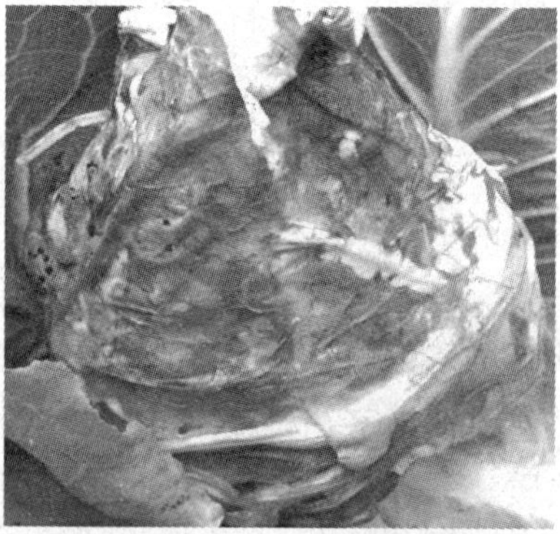

图6－1　甘蓝软腐病

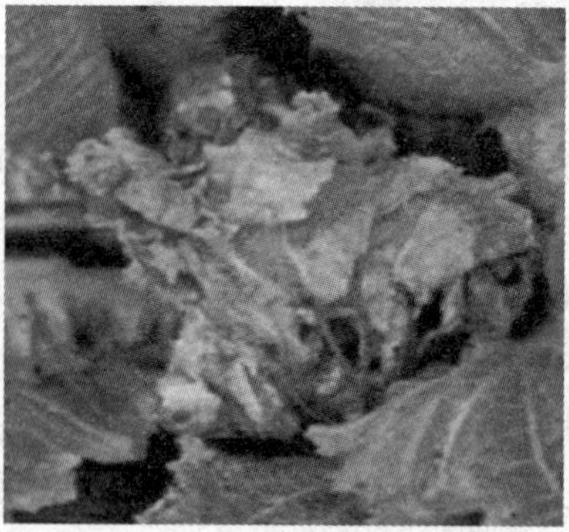

图6－2　白菜软腐病发病中期

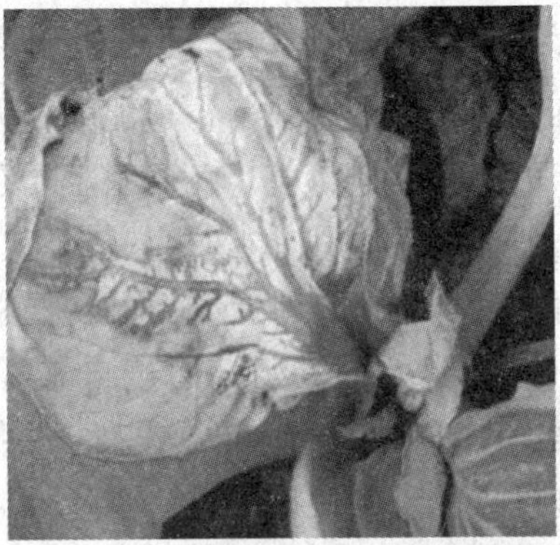

图6-3　白菜软腐病发病晚期

图6-4　萝卜软腐病

二、病原

十字花科软腐病病原为胡萝卜果胶杆菌胡萝卜亚种［*Pectobacterium carotovorum* subsp. *carotovorum*］，革兰阴性菌，生长最适温度为25℃～30℃，致死温度为50℃，10分钟，不耐光或干燥，在日光下暴晒2小时大部分死亡，在土壤中未腐烂寄主组织中可存活较长时间，但在脱离寄主的土壤中只能存活15天。

三、发病规律

该病是由细菌侵染导致，自身抗逆能力不强，依靠自身无法引起年复一年的广泛侵染为害。病原菌主要在田间病株、土壤中未腐烂的病残体越冬，因此，菜窖、仓库、田间遗留烂根和尚未完全分解的病株堆肥，都是重要的初侵染来源。

越冬后病原细菌能大量繁殖，通过自然裂口、昆虫（地蛆、黄条跳甲等）伤口或机械伤处侵入，并借昆虫、雨水、灌溉水等传播进行再侵染，使病害进一步蔓延。

气候是引起软腐病发生的重要条件，低温、多雨、高湿的条件下一般发病较重。同时早播、地势低洼、大水淹灌等都会导致软腐病大发生。

四、防治方法

十字花科蔬菜软腐病的防治主要以加强栽培管理、防治病虫、利用抗病品种为主，再结合药剂防治，才能收到较好的效果。

（1）选用抗病品种。抗软腐病的大白菜品种有绿宝、中白 1 号、龙协白 2 号、连白 1 号、新杂 1 号，各地因地制宜和购买条件选用抗病品种。

（2）大白菜软腐病的发生与播种期关系密切，根据当地气候条件制订播种计划：干旱、地薄时，应提前几天；雨顺、地肥时，可适当延后几天。与禾本科及豆类、葱蒜类等不易感病的作物轮作，避免与茄科、葫芦科作物连作，减少病菌积累。在栽培前 2 ~3 周深耕晒田，改善土壤性质，促使病残体腐烂分解

（3）精细整地、高垄种植、做好田间水肥管理。认真治虫，减少病原入侵的伤口。

（4）苗期主要以防治食叶及钻蛀性害虫如菜青虫、甘蓝

夜蛾、甜菜夜蛾等为主。在日常管理中小心操作，避免机械伤口，减少病菌的侵染。

（5）田间发病初期就需要开始喷药预防，用2%春雷霉素可湿性粉剂30～45克/公顷、30%噻森铜悬浮剂450～607.5克/公顷、50%氯溴异氰尿酸可溶粉剂375～450克/公顷，7～8天喷洒1次，连续喷2～3次，防治效果显著。

此外，对于十字花科蔬菜的储存窖可用硫黄粉熏蒸，或用石灰乳喷涂消毒。储藏期间应适当保持低温，降低湿度。

第二节　病毒病

十字花科蔬菜病毒病又称花叶病、缩叶病，是大白菜、青菜、甘蓝和萝卜等蔬菜生产上常发生的三大重要病害之一。根据地域的不用，在黄河以北主要指大白菜病毒病，在黄河以南，主要指榨菜、萝卜和甘蓝病毒病。病毒病不仅使植株的抗病能力降低，易受到菌核病、软腐病等病害的侵染，更直接的影响到蔬菜的食用品质和产量水平。

一、症状

不同的病原菌会产生不同的症状，主要有以下几种。花叶型：病部除斑驳外，病叶和病果畸形皱缩，植株生长缓慢；黄化型：病叶变黄，植株矮化并伴有明显的落叶；坏死型：得病部分落叶、落花、落果，严重时整株枯干；畸形型：病果畸形，果面凹凸不平，易脱落。

在不同的蔬菜种类上，症状也略有不同。

大白菜从苗期到包心期均可发病。发病初期，心叶初显明脉，后延叶脉失绿，产生淡绿与浓绿相间的斑驳或花叶。随着病害的发展，病叶明显萎缩、质地脆硬、叶色变黄，有些品种会在叶背的叶脉处产生褐色坏死点。

甘蓝、青花菜、花椰菜的症状相同。开始时产生褪绿斑点和明脉，后逐渐出现淡绿与黄绿相间的花叶和不太明显的黑色坏死环斑，严重的病叶畸形，病株矮化、结球迟、叶球疏松。

萝卜叶片成为明显的、深浅相同的花叶状，有的叶片上产生黄斑、坏死斑、条斑或呈现严重的畸形扭曲。病株矮缩不长，根系发育不良，肉质根小，品质降低。

图6－5　白菜病毒病病叶

图6－6　萝卜病毒病

图 6－7　榨菜病毒病

图 6－8　甘蓝病毒病

二、病原

目前引起十字花科蔬菜病毒的病毒主要有四种：芜菁花叶病毒（TuMV）、黄瓜花叶病毒（CMV）、花椰菜花叶病毒（CaMV）、萝卜花叶病毒（RMV）。主要通过菜蚜（桃蚜、甘蓝蚜等）进行传播，同时病健植株间的相互摩擦也会造成十字花科病毒病的大面积传播。一般的，蔬菜种子不会传播病毒病。

三、发病规律

十字花科蔬菜病毒病的发生与流行与气候条件、栽培管理、品种抗性以及蚜虫发生时期等因素有着十分密切的关系，但决定病害流行与否的首要因素是雨量多少，其次是蚜虫数量。

引起十字花科病毒病的几种病原病毒均可在窖存十字花科蔬菜，如大白菜、萝卜等以及田间杂草越冬，春季再通过有翅蚜虫迁飞和农事活动等途径进行传播扩散。全年均可发病，但以春、秋季节发病造成的损失最为严重。

由于病毒病的传播以有翅蚜迁飞传毒为主，同时病株和健株之间摩擦接触，农事操作等途径也能传播，因此播种期不一致的十字花科蔬菜邻作，也可以相互传播。

气候条件对病毒病发生有很大的影响，主要表现在蚜虫的迁飞和病毒病的潜育期两个方面。因此播种早则毒源多且蚜虫密度大、有翅蚜迁飞扩散造成病毒再侵染的蔬菜田发病重，晚播蔬菜田发病轻。同时，蔬菜苗期遭遇高温、干旱天气时，则发病较重。

四、防治方法

十字花科蔬菜病毒的寄主十分广泛，初侵染源非常之多，再加上传毒媒介蚜虫繁殖速度快，传毒效率高，无有效的杀毒制剂等原因。必须采取预防为主，综合防治的防治措施，特别是选种抗病品种，提前治蚜防病等手段。

（1）科学轮作。合理布局，实行轮作倒茬，避免十字花科蔬菜之间的连作或邻作。

（2）选用抗病品种。选育并推广抗病的蔬菜品种，其中大白菜品种有中白 76、胶白 7 号等，甘蓝品种有中甘 21、寒春 4 号，萝卜品种有秦草 2 号、武青 1 号等。

（3）加强田间管理。适期播种，可适当晚播，培育壮苗，减轻病毒病的发生；合理调控肥水，促使菜苗健壮生长，以提高植株对病虫的抵抗能力；随时剔除病苗、弱苗、小苗，并带出蔬菜田外集中进行处理（深埋或烧毁），能有效减少病虫数量 。对十字花科蔬菜病毒病的防治 ，要从蔬菜出苗时就狠抓蚜虫的防治工作，把蚜虫消灭在迁飞传毒之前。

（4）药剂防治。在发病期初期，用6%低聚糖素56～75克/公顷，或20%盐酸吗啉胍可湿性粉剂703～1406克/公顷，或1%香菇多糖水剂12.45～18.75克/公顷等农药防治，根据病害发生情况每5～7天1次，连续防治3次。十字花科病毒病重在预防。

第三节　霜霉病

霜霉病是全世界十字花科蔬菜生产上非常重要的真菌性病害，大白菜、甘蓝、萝卜等十字花科蔬菜均易感染此病。霜霉病在全国范围内都可发生，其对十字花科蔬菜的产量和品质有极大的影响。广大地区病害的发生以春秋两季为主。

一、症状

十字花科蔬菜的整个生育期都可受到霜霉病的侵害，尤以叶片发病普遍且严重。

大白菜霜霉病初期，叶片正面出现淡绿色水渍状斑点，随着病情的发展，病斑因受叶脉限制而扩大成多角形的黄色或黄褐色枯斑，叶片背面则出现白色霉状物，最终使叶片大部分干枯。

萝卜霜霉病初期，叶片上产生水渍状、不规则的褪绿斑点，很快扩大为多角形或不规则形的黄褐病斑。湿度大时，病斑上长出白色霉层。地下根部也可受害，产生灰黄色至灰褐色斑痕，储藏期间，根系极易腐烂。

在一些被害植株的茎、花梗、花器和种荚上，因受霜霉病菌的刺激而使组织或器官出现生长过旺性病变，表现出异常的肥胖、弯曲和畸形，菜农俗称之为“龙头拐”。

图6－9　白菜霜霉病受害叶片

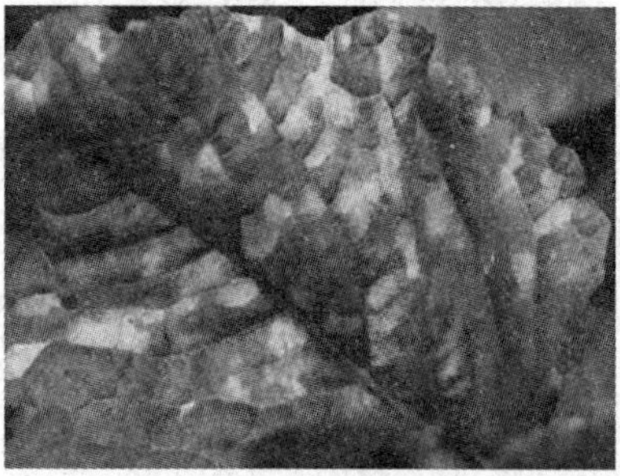

图6－10　萝卜霜霉病受害叶片

图6－11　花椰菜霜霉病受害叶片

图6－12　花椰菜霜霉病受害花球

二、病原

十字花科霜霉病的病原为寄生霜霉［*Hyaloperonospora parasitica*（Pers. ex Fr）Constant］。较低的温度和较高的湿度有利于病原菌的生长发育。

三、发病规律

北方病菌以卵孢子和菌丝体在病残体、土壤中或附着在种子表面越冬，也可在采种母株根部或窖藏大白菜上越冬。第二年春季，温、湿度适宜时，卵孢子和休眠菌丝产生孢子囊及游动孢子借助风雨、流水或田间操作等传播，作为初次侵染源，从寄主气孔或细胞间隙侵入。植株发病，作为再次侵染源，不断侵入寄主，引起春季霜霉病的蔓延。南方或冬季温暖的地方，全年都可以种植十字花科蔬菜，因而没有明显的越冬现象。

霜霉病易于多雨高湿、连阴、昼夜温差大、雾多露重的天气流行。十字花科蔬菜连作，播种早，间苗过晚，种植过密，排水不良，缺肥等原因也会诱使十字花科霜霉病大发生。

四、防治方法

十字花科蔬菜霜霉病的寄主十分广泛，且对杀菌剂易产生抗药性，因此必须采取“预防为主，综合防治”的防治措施。

（1）选用抗、耐病品种，如大白菜品种中白2号、绿宝，萝卜品种通园红2号、春萝1号，花椰菜品种瑞士雪球、荷兰75等。

（2）加强田间管理。提倡深沟高畦栽培，合理密植，及时清理沟系，保持排灌通畅，防止雨后积水。

（3）调整蔬菜生产布局，合理间、套作和轮作，在保证有足够生长期的前提下，适当晚播。重病地块与非十字花科蔬菜实行2年以上轮作，能有效减轻病害。

（4）清洁田园，及时清除田间病株、老叶，深翻土壤，减少再侵染的菌源。

（5）种子处理。播种前用种子重量0.3%的58%甲霜·锰锌可湿性粉剂拌种，可减轻霜霉病的发生。

（6）药剂防治。加强田间动态调查，当发现中心病株或发病中心时，及时喷药控病。在发生初期，每隔7~10天用药防治1次，连续施用3~4次。可选用72.2%霜霉威盐酸盐水剂866.4~1083克/公顷，或50%烯酰吗啉可湿性粉剂225~262.5克/公顷，或70%丙森锌可湿性粉剂1575~2250克/公顷等喷雾防治。

第四节　根肿病

十字花科作物根肿病主要为害白菜，甘蓝、花椰菜等十字花科蔬菜，属于世界范围内的土壤传播真菌性病害之一。随着十字花科作物栽培面积的连年不断扩大，生产轮作年限增加，蔬菜调运及引种越加频繁，导致近些年十字花科根肿病大发生，且越来越严重。

一、症状

十字花科蔬菜在整个生长期都可感染根肿病，但以苗期发病最为突出。根肿病主要危害植物根部，当作物根部受到根肿病侵染后，形成大小不一、光滑或龟裂粗糙的肿瘤，逐渐丧失输送养分和水分的功能，导致地上部分生长不良，减产甚至绝收。

图6－13 白菜根肿病

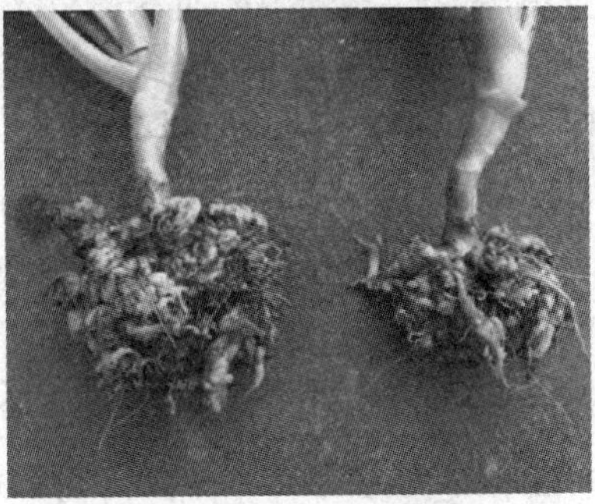

图6－14 花椰菜根肿病

根肿病发病初期，地上病症不明显，但整体植株相对健康植株生长缓慢、矮小，并常表现出缺水症状。基部叶片在晴天中午萎蔫，早晚恢复，随着受害根部的逐渐膨大，基部叶片变黄，萎蔫，病株逐渐萎蔫死亡。

图6－15　甘蓝根肿病

图6－16　萝卜根肿病

二、病原

十字花科根肿病病原为芸薹根肿菌（*Plasmodiophora brassicae* Woronin）。属于专性寄生菌，存在生理小种分化的现象。

三、发病规律

十字花科根肿病菌主要以休眠孢子囊在土壤、病残体中或黏附在种子上越冬越夏。休眠孢子囊抗逆性强，通过病根、雨水、灌溉水、地下害虫活动、农事操作等近距离传播，或者通过种子、土壤、农家肥等远距离传播。在条件适宜时，休眠孢子囊萌发产生有长短不等双鞭毛的游动孢子，从植株的根毛或伤口侵入到表皮细胞内，病菌刺激寄主，使细胞分裂加快、体积增大而形成肿瘤。在条件适宜的情况下，植株只需 8～10 天就能表现出根肿症状。

病菌生长发育的适宜温度为 18℃～28℃，致死温度为 45℃，适宜相对湿度为 50%～98%。当土壤含水量低于 45% 时，病菌侵染力极低甚至丧失。低温不利于根肿病的发生。因此，每年 5～9 月份根肿病发病最为严重。

四、防治方法

十字花科蔬菜根肿病的防治必须坚持“预防为主，综合防治”的植保方针。以选用抗（耐）病品种为前提，通过培育无病壮苗，增施有机肥等方法减轻病害的发生。

（1）农业防治。根肿病的发生危害程度与土壤中根肿菌的含量以及病残体的残存量直接相关，因此，3～4 年以上轮作、清除田间病残体、夏季晒垡等以减少土壤中病菌含量为目的的农业防治措施均可有效减轻病害的发生程度。多用有机肥，少用化学肥料，施足有机基肥，熟化土壤，改良土壤，优化氮、磷、钾及微量元素配方是防治根肿病的有效措施。

（2）采用无根肿病菌的土壤或基质进行穴盘、漂浮或袋苗等方式育苗，也可采用无根肿病菌的田块进行常规苗床育苗，培育出不带根肿菌的壮苗进行移栽。

（3）药剂防治。播种前用 50% 氟啶胺悬浮剂 2000～2500 克/公顷苗床消毒；苗期可用 75% 百菌清可湿性粉剂或 70% 甲基硫菌灵可湿性粉剂 800 倍液浇淋，移栽后可用 10% 氰霜唑悬浮剂 1500 倍液，或 75% 百菌清可湿性粉剂 600 倍液灌根处理。

第七章　葱蒜姜类蔬菜病害识别与绿色防控

第一节　葱类霜霉病

一、为害症状

为害叶片，病斑初呈淡黄色至黄白色，纺锤形或椭圆形，边缘不明显，高湿条件下病斑表面遍生白色至暗紫色霉层，叶片常在病斑处弯折。茎基部染病，叶片畸形或扭曲，植株矮小。

花梗受害症状与叶片相似，易从病斑处折断而导致整个花梗枯死。

图 7－1

图 7－2

图 7－3

图 7－4

二、发病规律症状

病菌随露水、雨水通过叶片气孔进行初侵染和再侵染。通常，白天温度高、夜晚凉爽、多雨多雾、空气湿度大，有利于病害发生；土壤含水量大、黏重、排水不良，发病也严重。

三、防治方法

（1）选用耐、抗病品种。种皮颜色较深的红皮和黄皮品种比较抗病。

（2）农业防治。轮作，可与豆科、葫芦科或大田作物进行3～4年的轮作；培育壮苗、适时定植；清理病残体，田间病株及时拔除、集中深埋或烧毁；合理的水肥管理，选择地势高、土壤松软、排水良好的地块进行种植，高畦高垄栽培，避免大水漫灌，及时排涝。

（3）物理防治。温汤浸种，种子使用50℃温水处理25min，然后进行催芽播种。

（4）药剂防治。可用0.3%种子量的35%甲霜灵·锰锌可湿性粉剂拌种；幼苗期，可用2.5mL的0.5%放线菌酮液剂兑水1L，喷施处理。发病初期，可用50%甲霜·铜可湿性粉剂600倍液、40%三乙膦酸铝可湿性粉剂250倍液、50%烯酰吗啉可湿性粉剂2500倍液等，每7～10天喷1次，共3次。

第二节　大蒜干腐病

一、为害症状

在大蒜的整个生育期均可发病，可为害植株根系、叶片及蒜瓣。大蒜成株期发病，叶片褪绿黄瓜，叶尖逐渐枯死，植株萎蔫；蒜瓣发病，病株抽薹慢，病蒜上出现浅褐色斑块，随着病情发展，病蒜渐呈软腐状至干缩症状，湿度大时，腐烂大蒜易产生白色至黄色霉层。

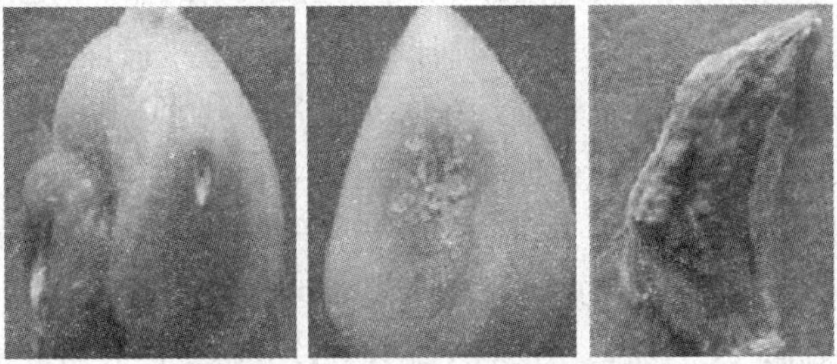

图7－5　大蒜干腐病的发病症状

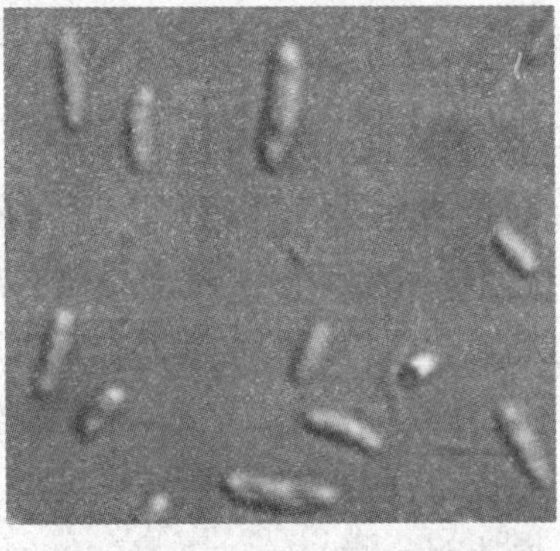

图7－6　尖镰孢洋葱专化型的分生孢子

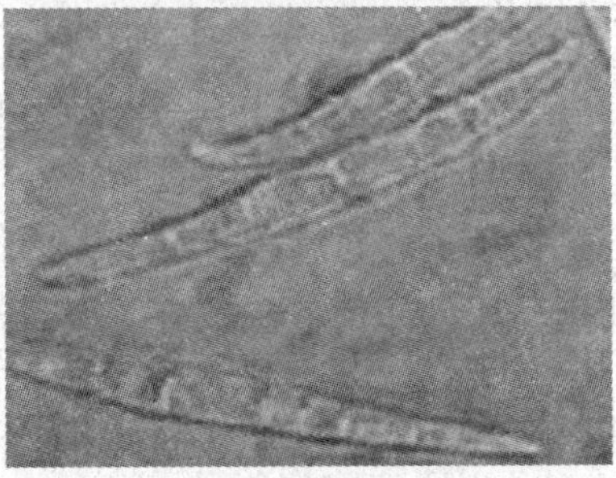

图7－7　尖镰孢洋葱专化型的大孢子

二、发病规律症状

主要由尖镰孢洋葱专化型（*Fusarium oxysporum f. sp. cepae*）引起，病菌主要通过厚垣孢子在土壤中越冬，厚垣孢子抗逆性强，是主要的初侵染源。病菌可借助农用工具、农事操作及地下害虫传播，在大蒜生育期和储藏期均可发病，其主要通过球茎基部、根部伤口或裂口侵入。

地温13℃～32℃、pH为2.2～8.4时均可发病，最适发病条件为28℃～32℃的土温、pH为6.6。在蒜接近成熟时，遇土温较高，发病加重。长期连作会导致大蒜生产衰弱，易加重病害。

三、防治技术

（一）农业防治

实行轮作，避免与葱属作物连作，可与茄科蔬菜进行轮作，4年为宜；选用抗病品种，发病重的地区尽量不用短日型的品种；科学的栽培管理，深翻土壤，施足基肥，避免大水漫灌，雨后及时排水；储运期控制病害，大蒜在储运过程中尽量避免损伤，储存温度保持在0～4℃，相对湿度在65%左右，及时清除有病或损坏的蒜瓣。

（二）化学防治

种子处理，可用种子重量为0.2～0.4%的40%福美双可湿性粉剂拌种；苗床处理，可用50%苯菌灵可湿性粉剂1000倍液浇湿土壤；生物防治，将绿色木霉和荧光假单胞杆菌这两类生防菌组合使用，田间防治效果较好。

第三节　大蒜锈病

一、发病症状

幼苗期至成株期均能发病，感病盛期为生长后期，病菌主要为害叶片、花梗及假茎。发病初期，叶片表皮上产生梭形、纺锤形的褪绿斑，而后在表皮下产生圆形或椭圆形、稍凸起的病斑，中间灰白色，边缘具浅黄色晕圈；发病后期，病斑逐渐隆起，变为橙黄色疱斑，病部表皮破裂外翻，散出橙黄色粉末；严重时，病斑遍布叶片，连接成片，全叶枯黄，直至植株死亡。

二、发病规律症状

蒜类锈病主要由葱柄锈菌（*Puccinia allii*）侵染所致，主要由夏孢子和菌丝体在留种大蒜的病组织上越冬，翌年夏孢子随气流传播，通过寄主叶片或气孔进行初侵染和再侵染。病菌喜低温、潮湿的环境，发病最适条件为温度10℃～20℃，相对湿度85%以上，天气阴雨多露、栽培密度大、杂草丛生、地势低洼、土质黏重、排水不畅的田块利于发病。此外，多年重茬，田间病残体多，肥料带菌也为病害的发生提供有利条件。

三、防治方法

（1）选用抗（耐）病良种。比如紫皮蒜、小石口大蒜、舒城蒜等品种比较耐病和抗病。

（2）农业防治。选地与轮作，选择地势较高、排水方便的地块，避免葱、蒜混作，病田与非葱蒜类作物实行2年以上轮作，条件允许可水旱轮作；合理密植、灌溉和施肥；搞好田园卫生，播种前或收获后，深翻地灭茬，减少菌源，植株生育期发现病叶和杂草时应及时清除、深埋或烧毁。

图 7－8　大蒜锈病前期症状

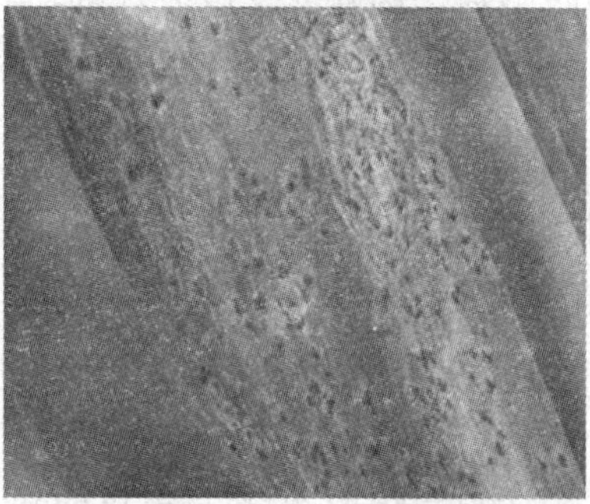

图 7－9　大蒜锈病后期症状

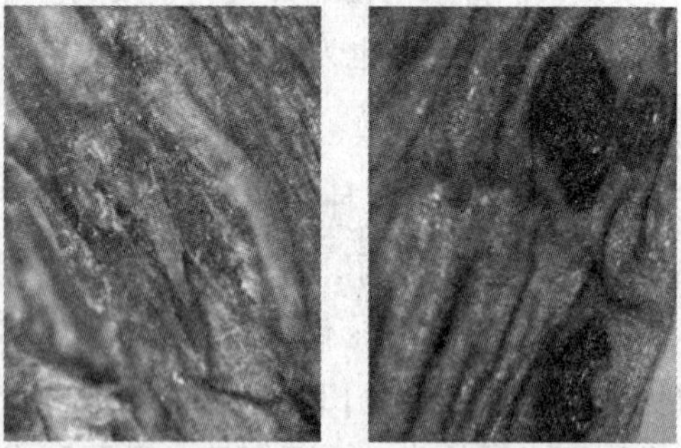

图 7－10　夏孢子堆和冬孢子堆

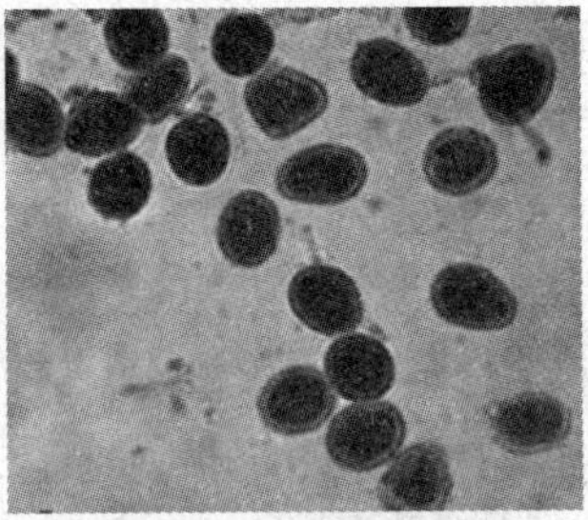

图 7-11　夏孢子

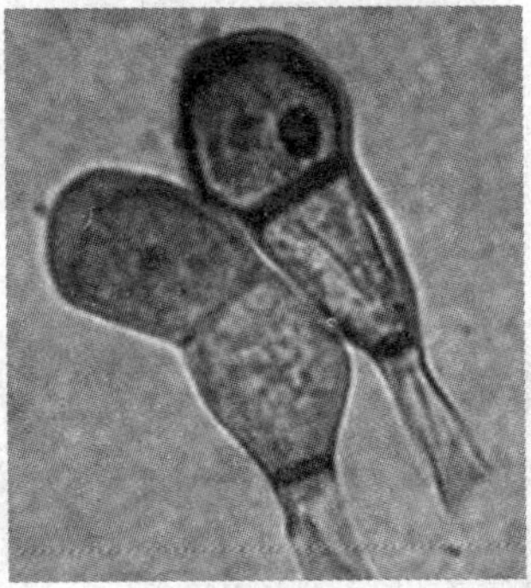

图 7-12　冬孢子

（3）化学防治。发病初期，喷施 68.75% 噁唑菌酮·锰锌水分散粒剂 800～1000 倍液，或 65% 代森锌可湿性粉剂 500～700 倍液，7～10 天一次。普遍发病时，可喷施 25% 丙环唑乳油 3000 倍液，或 20% 氟环·多菌灵悬浮剂 1000 倍液，15% 三唑酮可湿性粉剂 1500 倍液。

第四节　大蒜病毒病

一、发病症状

主要症状表现为条纹花叶，发病初期，叶片上沿叶脉产生褪绿长点，而后发展为褪绿黄条纹，严重时植株矮化，畸形，心叶被包住、伸展受限。病株蒜头减少，蒜瓣少或不分瓣，蒜薹纤细且矮小。

图7－13　大蒜病毒病假茎上的发病症状

图7－14　大蒜病毒病叶片上的发病症状

二、发病规律症状

引起我国大蒜病毒病的毒原种类很多，以韭葱黄条病毒、洋葱螨传潜隐病毒和洋葱黄矮病毒为主。田间病毒病来源主要有带毒蒜种、田间病株、前茬遗留带病鳞茎，多由蚜虫或螨类进行传毒。通常在大蒜的生长季节，遇长时间的高温干旱，田间管理粗放，导致植株长势弱，蚜虫爆发，病害极易流行，同时间作套作不合理，毒源作物多也会加重病害。

三、防治方法

（1）轮作。避免大蒜连作，也不与其他葱属作物连作或邻作，可与其他蔬菜实行轮作，减少毒源和交互感染。

（2）蒜种脱毒。利用茎尖组织培养技术，从感染病毒的大蒜中获得无毒大蒜。

（3）加强栽培管理。施足有机肥，适时追肥，培育健壮植株，增强植株抗病性。

（4）田间防治。及时清理田间病株，留种田覆银灰色地膜，距地面1m处拉银灰色膜条，有一定的避蚜作用，做好防治蚜虫的工作。在大蒜病毒病发病初期，喷施20%盐酸吗啉胍·铜可湿性粉剂500～1000倍液，或10%混合脂肪酸水乳剂100倍液，或20%吗胍·乙酸铜可湿性粉剂200倍液，可延缓病情发展。

第五节 大蒜白腐病

一、发病症状

主要为害叶片、叶鞘和鳞茎。病原菌从根部开始侵染，病株生长缓慢，叶片自叶尖开始黄化，逐渐扩展至叶鞘及内叶，严重时整株变黄、矮化，不易抽出蒜薹或蒜薹较细、短。拔出病株可见鳞茎表皮产生水渍状病斑，其上遍布白色至灰黑色菌丝层，菌丝层上生出黑色小菌核，茎基部变软，鳞茎腐烂。田间具有发病中心，成团枯死。

图 7－15　大蒜白腐病田间发生症状

图 7－16　大蒜白腐病发病症状

图 7－17　大蒜鳞茎及根部发病症状

二、发病规律症状

引起大蒜白腐病的病原菌为白腐小核菌（*Sclerotium cepivorum* Berk.），属半知菌亚门真菌。白腐病菌主要以菌核在土壤

图 7－18　大蒜茎基部发病症状

中越冬，菌核萌发需要适宜的温湿度和葱属作物的根系分泌物刺激，其借助雨水或灌溉水传播。该病易在低温高湿环境下发生和流行，春末气温低于 20℃，湿度大且持续时间久，植株长势较弱的蒜田发病重，进入雨季病势迅速扩展，可造成病害大流行，到盛夏温度持续升高，病情发展放缓。长期连作、排水不良、肥水供应不足、植株长势弱的田块发病重。

三、防治方法

（1）合理轮作。与非葱、蒜类作物轮作 4 年以上可以降低土壤中菌核的含量，可有效降低白腐病的发病率。

（2）加强栽培管理。采取地膜垄作栽培技术，使用厚度为 0.006mm 的超微膜为佳，播种或移栽前施足底肥，及时追肥，适时中耕松土，增强植株抵抗力。大蒜收获后，彻底清除覆盖物和病残体，集中深埋或烧毁。

（3）化学防治。可使用 15% 粉锈宁可湿性粉剂 + 50 % 敌 g 松可湿性粉剂 + 硫黄粉按 0.3% 的种子重量拌种，防效显著。

（4）生物防治。可使用木霉、盾壳霉等微生物菌剂进行拌种处理或土壤处理，能有一定防效；田块未种植葱蒜类作物时，可使用大蒜粉或根系分泌物对土壤中的菌核进行诱导，菌核萌发但没有寄主寄生，最终因饥饿而死，可有效减少土壤菌核量；使用废物堆肥进行防治，芸薹属或洋葱类作物废弃物会产生含硫化合物，可是土壤中的菌核分解，减少初侵染源。

第六节　大蒜叶枯病

一、发病症状

大蒜叶枯病主要为害大蒜叶片和蒜薹。秋季大蒜叶片发病，叶尖发白至枯死，后沿叶脉向下扩展，形成自上而下的枯死斑；夏季大蒜叶片发病，初为灰白色圆斑，后扩大至圆形或椭圆形，颜色转为褐色，中间颜色较深，边缘灰褐色。高温高湿环境下，病斑上生出黑色霉层，霉层上散生小黑点。蒜薹发病，薹梢和蒜薹上出现黄白色近圆形斑点。

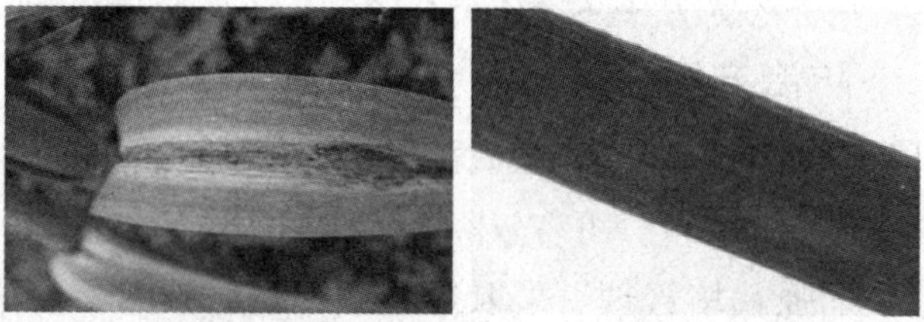

图 7－19　大蒜叶枯病症状（from Stephanie Zapf，2011）

二、发病规律症状

病原菌为匐柄霉（*Stemphylium botryosum*），属半知菌亚门真菌。大蒜叶枯病主要以菌丝体或子囊壳随病残体越冬，随气流或雨水飞溅传播进行初侵染和再侵染，最适发病温度为15℃～25℃，当温度为20℃，湿度为85%以上时极易发病，低于8℃或高于34℃不利于发病。10月下旬，大蒜2～3叶期

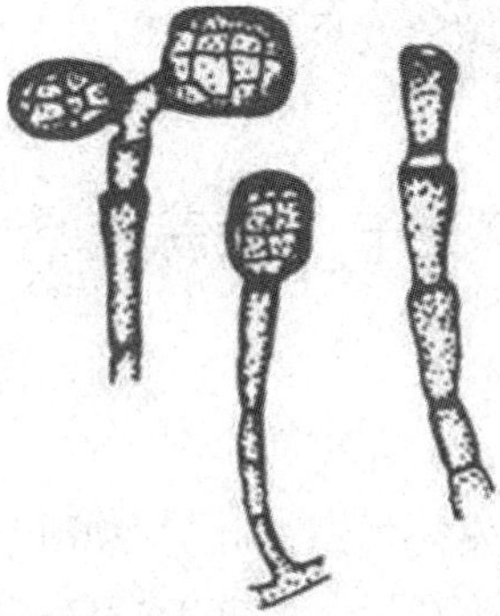

图7-20 分生孢子和分生孢子梗（蔬菜病虫害原色图谱）

即可发病，叶片可见单病斑，随后温湿度逐渐降低，病程进展缓慢，多以单病叶、单病株在田间存在。翌年2-4月，病菌再侵染导致发病率急剧上升，病害严重度加剧，大蒜叶片出现大量病斑，抽薹和大蒜生长受到严重影响，导致产量降低。

三、防治方法

（1）农业防治。选用优良品种，淘汰发霉、虫蛀、发黄变软的种蒜，选用脱毒、抗病、健康的蒜瓣作为种蒜；合理轮作倒茬，可与冬小麦、油菜、豌豆轮作3年以上；改善蒜田生态环境，蒜田应选择地势平坦、土壤肥沃的地块，播种前十足底肥，有机肥需充分腐熟，苗期、蒜薹生长期及大蒜膨大期可以适量追肥，促进植株健壮生长，增强抗病能力，大蒜收获后及时清除病残体。

（2）化学防治。当大蒜叶枯病发病率低于11%时，病害不足以影响蒜薹及蒜瓣产量，当病害持续蔓延或遇到连续阴雨天气时，可喷施25%咪鲜胺乳油，使用剂量为25~30克/亩，或者10%苯醚甲环唑水分散粒剂，使用剂量为3~6克/亩。

（3）生物防治。使用木霉、链霉菌等生防菌剂处理土壤和种蒜，或者使用生物多抗菌肥处理发病田块，辅以少量化学药剂，可达到较好的防治效果。

第七节　大蒜疫病

一、发病症状

主要为害叶片，发病初期在叶尖或叶片中部出现苍白色至浅黄色水渍状斑，边缘褪绿，湿度大时病斑腐烂，其上着生稀疏白色霉层，不久后半个或整个叶片下垂枯死。花茎染病，呈水渍状腐烂，而后整株枯死。

图 7－21　大蒜疫病大田症状

图 7－22　大蒜疫病叶部症状

二、发病规律症状

大蒜疫病的病原菌为葱疫霉（*Phytophthora porri*），属鞭毛菌亚门真菌。病菌主要以菌丝体和厚垣孢子在病残体和土壤中越冬，病菌孢子借助雨水、灌溉水和雾气进行初侵染和再侵染。发病适温为25℃～32℃，相对湿度高于95%，叶片表面覆有水膜极易发病，连作地块、排水不良或浇水过量，形成高温高湿条件发病重。一般播种早的大蒜根系发达，植株健壮，疫病发病轻。

三、防治方法

（1）农业防治。采用高畦覆膜栽培技术，避免积水，合理密植，每亩株数应不超过3.5万株，否则叶面积过大，下部叶片不通风，有利于病菌的快速繁殖和传播，与非百合科作物实行2年以上连作。

（2）化学防治。发病初期，可用560g/L嘧菌·百菌清悬浮剂2000～3000倍液喷施处理，或72%锰锌·霜脲可湿性粉剂600～800倍液。发病普遍时，66.8%丙森·异丙菌胺可湿性粉剂600～800倍液，或52.5%恶酮·霜脲氰水分散粒剂1500～2000倍液。

第八节　大蒜紫斑病

一、病害症状

主要为害叶、花梗、鳞茎。叶片和花梗上的病斑初呈水渍状白色小点，多靠近叶尖或位于花梗中部，微显凹陷，后逐渐扩大，大小为2～4cm×1～3 cm，紫褐色，椭圆形，周围有黄色晕圈，有明显的同心轮纹，潮湿时病斑上生有黑褐色霉层。病斑可相互愈合形成大斑，病部组织死亡失水而使机械强度降低，常使叶或花梗从此处折断。鳞茎发病，呈半湿性腐烂，整个鳞茎体积收缩，组织变红色或黄色，逐渐变成暗褐色并提前抽芽。

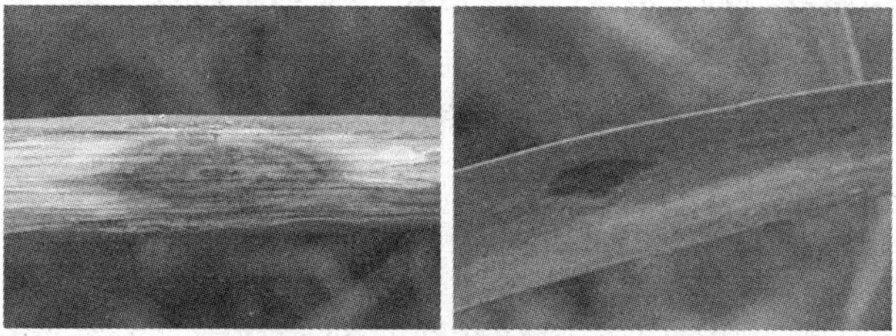

图 7－23　大蒜紫斑病症状

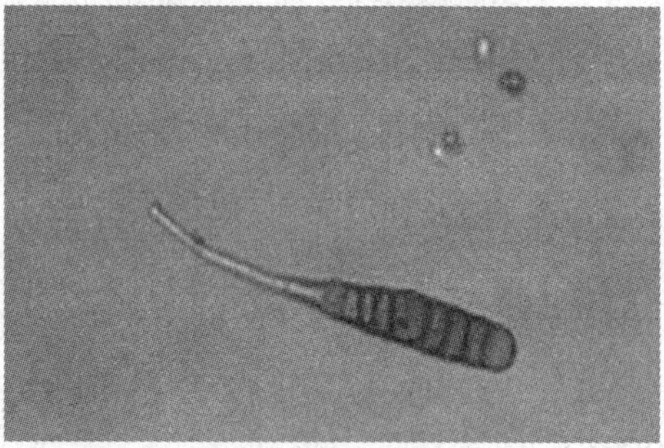

图 7－24　大蒜紫斑病菌分生孢子

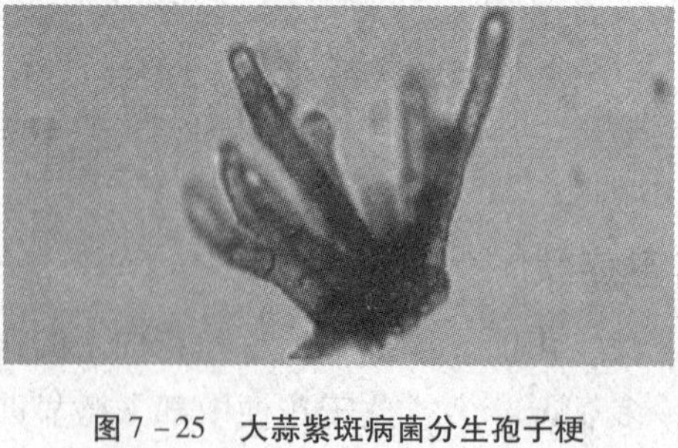

图 7－25　大蒜紫斑病菌分生孢子梗

二、发病规律症状

病原为葱链格孢菌 *Alternaria porri*（Elliott）Ciferri，属半知菌亚门链格孢属。病菌以菌丝体在寄主体内或随病残体在土壤中越冬，也有报道分生孢子可随病残体越冬。翌年条件适宜时产生分生孢子，借气流或雨水传播。分生孢子萌发后可通过气孔或伤口侵入，也可以芽管直接穿透寄主表皮侵入。发病的适温是25℃～27℃，低于12 ℃则不发病。病害的潜育期为4～5 d，之后即可产生分生孢子，分生孢子又可传播而引起再侵染。因分生孢子的萌发需要水滴的存在，故高湿多雨，昼夜温差大易引发病害。夏、秋多雨季节，温暖潮湿的气候条件下，发病普遍严重。土地贫瘠，生长势弱，虫害严重的地块，发病也重。保护地重于露地。

三、防治方法

（1）农业防治。选育抗病品种，合理密植，增施磷钾肥、有机肥，培育壮苗，增强植株抗逆性，高畦栽培，注意保持排水通畅，收获后及时清除病残体，集中烧毁或深埋。

（2）药剂防治。发病初期，可使用50%扑海因可湿性粉剂1500倍液，或58%甲霜灵锰锌可湿性粉剂500倍液，或64%杀毒矾可湿性粉剂500倍液，兑水喷雾，7～10天一次，防治2～3次，效果良好。

第九节　大蒜黑头病

一、发病症状

主要为害大蒜鳞茎，在贮藏期间较为常见，病蒜上初生紫红色边缘的小凹陷斑，后病斑扩大，凹陷更深，病斑上长出黑色丛霉状物。

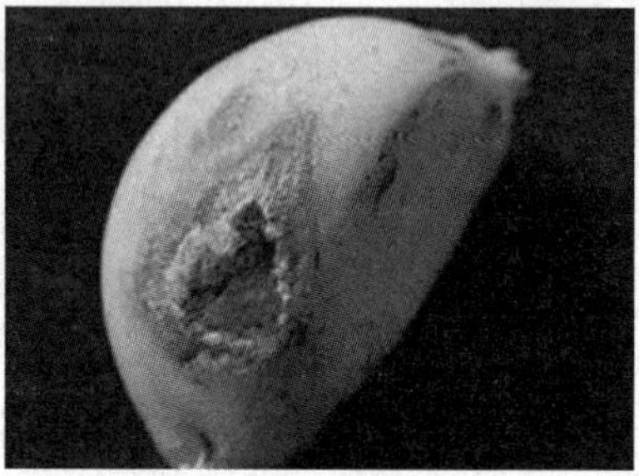

图 7－26

二、发病规律症状

病原为大蒜艾氏链格孢（*Embellisia allii*（Campanile）Simmons），归于半知菌亚门丝孢纲艾氏霉属。病菌以菌丝体或分生孢子在大蒜鳞茎上越冬，条件适宜时侵入蒜瓣引起发病。根蛆、韭蛆、根螨等地下害虫啃食大蒜鳞茎后，造成大量伤口，有利于病原菌的侵染，在收获前浇水，蒜皮易腐烂，鳞茎易损伤，病害易发生。

三、防治方法

（1）加强大蒜生育后期管理。病重田块可喷施 70% 百菌清可湿性粉剂 500 倍液或 80% 代森锰锌可湿性粉剂 600 倍液。

（2）强化收获期管理。避免雨后、重雾或露水未干条件下采收，采收、装袋时尽量避免伤口，剔除烂蒜、病蒜。

（3）加强储运期管理。储运期温度控制在 5℃ ~9℃，相对湿度控制在 95% 左右。

（4）及时防治地下害虫，减少大蒜虫口，降低病菌侵染概率。

第十节 大蒜细菌性软腐病

一、发病症状

大蒜软腐病是一种细菌性病害，低温高湿有利于发病。大蒜叶片染病后，先从叶缘或中脉发病，沿叶缘或中脉形成黄白色条斑，可贯穿整个叶片，湿度大时，病部呈黄褐色软腐状，并有菌脓出现，植株从下部老叶先发病，后逐渐向上部叶片扩展，致全株枯黄或死亡。

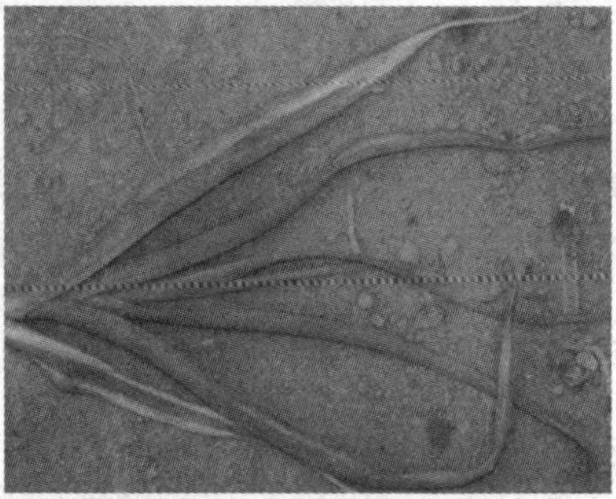

图 7－27 大蒜软腐病初期症状

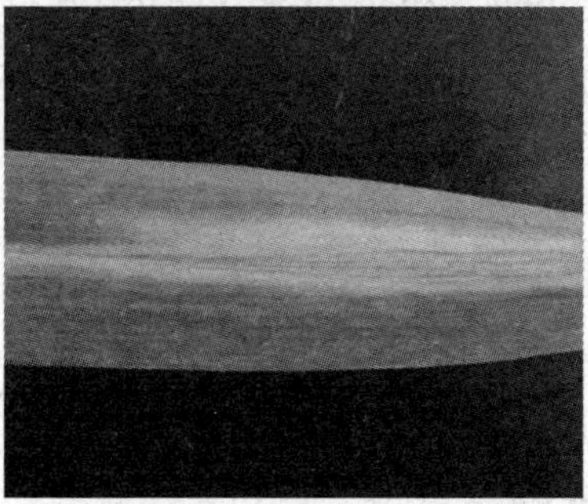

图 7－28 大蒜软腐病叶片症状

二、发病规律症状

此病由细菌胡萝卜软腐欧氏杆菌胡萝卜软腐致病型 Erwinia carotovora subsp. carotovora（Jones）Bergey et al. 侵染引起。病菌主要在土壤中尚未腐烂的病残体上存活越冬，条件适宜后侵染大蒜，引起大蒜软腐。干旱时可自行缓解，对产量有明显影响。病菌喜高温、潮湿环境，发病最适宜气候条件为温度25℃～30℃，土壤含水量高、田间湿度大有利于发病。浙江及长江中下游地区大蒜细菌性软腐病的主要发病盛期在5～6月。大蒜细菌性软腐病的感病生育期在大蒜生长后期。连作、地势低洼、排水不良、生长过旺的田块发病重；年度间雨水多的年份危害严重。

三、防治方法

（1）治虫防病因为害虫在大蒜上造成伤口，利于软腐病菌侵入，有的害虫体内外携带病菌，直接传播病害。所以防治害虫对软腐病的防治很重要。早期应注意防治金针虫、蝼蛄等地下害虫，从幼苗期开始就应防治黄·曲条跳甲、地蛆等害虫。

（2）药剂防治在发病前或发病初期可用72%农用链霉素3000～4000倍液或47%加瑞农WP750倍液、50%代森铵1000倍液、新植霉素3000～4000倍液，隔5～7d喷药1次，视病情连续防治2～3次。应以轻病株及其周围的植株为重点，注意喷在接近地表的植株茎基部。

第十一节　姜瘟

一、发病症状

又称姜腐烂病、细菌性青枯病、软腐病等，毁灭性病害，一旦发生，则很难根除。主要危害地下根茎部和根系，也可危害地上茎和叶片。初发病，下部叶片叶缘与叶尖发黄、反卷，白天萎蔫夜晚恢复，由下向上发展，2～3 天后不再恢复，叶片萎蔫枯黄，4～5 天后茎基部腐烂，植株倒伏，整株枯死。姜块受害，初产生水浸状、黄褐色病斑，后内部组织软化腐烂，可挤压出白色黏稠状汁液。

图 7－29

图 7－30

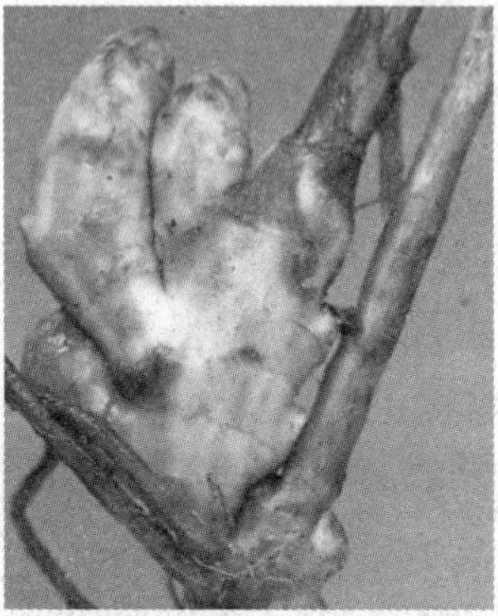

图 7－31

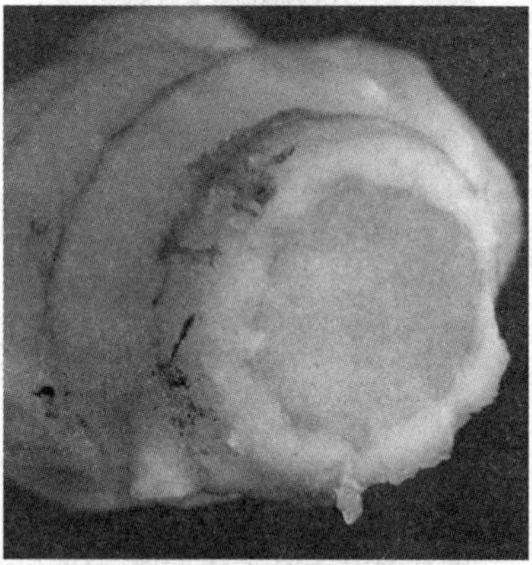

图 7－32

病原菌：茄劳尔氏菌（*Ralstonia solanacearum*），薄壁菌门劳尔氏菌属，细菌。

发病规律：该细菌在姜块和土壤中越冬，是第二年田间病害的主要侵染源。带菌姜种或从带菌土壤中长出的姜苗发病后，成为中心病株，靠水流、地下害虫和农事操作等传播蔓延。高温多雨的季节，利于发病，土壤温度达 25℃～30℃，土壤含水量达 25% 以上，病害更流行。与茄科作物轮作，发病重。土壤偏酸易发病。

三、防治方法

（1）农业防治：与非茄科作物3年以上的轮作；选用无菌种苗留种；储藏前，消毒贮藏间；发现中心病株，及早拔除销毁，并用石灰消毒病穴；选择利于排水的地进行种植，并调节土壤酸碱度；农事操作尽量减少损伤块茎和基部。

（2）化学防治：利用72%农用硫酸链霉素可溶粉剂2000倍液浸种48小时，或用30%氢氧化铜800倍液浸种6h。发病初期，可用72%农用硫酸链霉素可溶粉剂3000倍液，或25%络氨铜水剂500倍液，或50%琥胶肥酸铜可湿性粉剂400液灌根，或3%中生菌素可湿性粉剂500倍液等进行灌根，每10天灌一次，连续灌3~4次。

第十二节　姜叶斑病（白星病－茎点霉菌）

一、发病症状

主要危害叶片。发病初期叶片上出现淡褐色的小病斑，有黄色晕圈，后期病斑扩大为梭形或长圆形，病斑中间变薄呈浅黄色或灰白色，边缘红褐色，易穿孔。病部可见针尖大小的小黑点。

二、发病规律症状

病原主要以菌丝体和分生孢子器随病残体遗落在土壤中越冬。病原借雨水传播蔓延，以分生孢子进行初侵染和再侵染。在大田中，7月下旬姜叶斑病开始蔓延发病，8月中下旬为流行盛期，9月上旬为发病末期，此期间日平均温度为25℃，是全年温度最高、降雨量最大的时期。

图 7－33

图 7－34

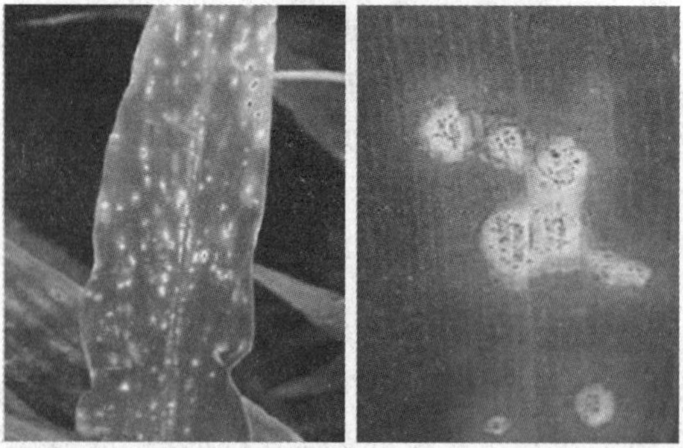

图 7－35　病原菌：姜茎点霉 *Phoma zingiberi*，真菌

三、防治方法

（1）农业防治：避免连作、排水良好、清洁病残体。

（2）化学防治：发病初期喷施70%甲级拖布津1000液加75%百菌清可湿性粉剂1000倍液，隔7～10天喷1次，连续2～3次。

第十三节　生姜根腐病

一、症状

又称生姜茎腐病、生姜软腐病、生姜腐霉软腐发病、生姜烂脖子病、生姜黑脚病等。初期靠近地面的茎叶出现黄褐色病斑，后软腐，向上发展后茎叶枯死；地下部块茎感病也软腐；湿度大时茎基部和块茎表面会产生白色菌丝。

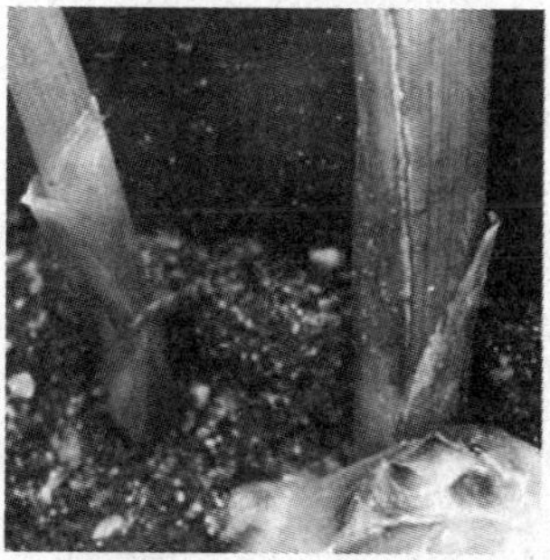

图7－36　病原：结群腐霉（Pythium myriotylum），卵菌

二、发病规律症状

病原菌在姜种或病残体上越冬。病原菌借雨水或灌溉水传播。

三、防治方法

（1）姜种处理：用350g/L精甲霜灵种子处理乳剂4000倍液浸种，晾干后下田。

（2）农业防治：选留健康无病种子，轮作。

（3）化学防治：发病前用39%精甲霜灵·嘧菌酯悬浮剂进行喷洒病田。

第八章　伞形科蔬菜病害识别与绿色防控

第一节　芹菜壳针孢叶斑病

一、危害症状

该病又称芹菜斑枯病，也称为芹菜晚疫病。注：此晚疫病是真菌，而番茄晚疫病是卵菌。芹菜叶、叶柄、茎均可受害，从老叶开始发病；分两种类型：大斑型和小斑形。大斑型初期呈浅褐色油渍状小斑，后逐渐扩展，中央开始坏死，后期扩展到3～10mm，上散生黑色小粒点；小斑型，直径很少超过3mm，多个病斑融合，红褐色至黄褐色，病斑周围常见黄色晕，边缘处常聚生很多黑色小粒点。

图8－1

图 8－2

二、病原菌

芹菜生壳针孢（*Septoria apiicola*）；芹菜大壳针孢（Septoria apiigraveolentis），均属真菌界子囊菌门壳针孢属无性型。

三、发病规律

冷凉高湿的环境是该病发生的重要条件，发病适宜温度为20℃～27 ℃，相对湿度为80%以上。

病菌随病残体在土壤中或植株内、种皮内越冬，遇到适宜的条件形成初侵染与再侵染，靠气流、雨水溅射、农具、农事操作等传播，植株上有水滴时萌发，从气孔或穿透皮层侵入，依靠带病种子能远距离传播。

四、防治方法

（1）利用47度水种子消毒30分钟；轮作；高畦；排水。

（2）化学防治：铜制剂；啶酰菌胺。

第二节　芹菜尾孢叶斑病

一、症状

又称芹菜早疫病，主要危害叶片。初在叶片上称黄绿色水浸状斑，后发展为圆形或不规则形，直径 4 ~ 10mm，进一步发展，病斑灰褐色，边缘色稍深不明晰，严重时病斑合并成斑块；茎和叶柄上的病斑椭圆形，灰褐色，稍凹陷；湿度比较大时，病部长出灰白色霉层。

图 8 – 3　芹菜尾孢叶斑病叶部危害症状

二、病原菌

芹菜尾孢（*Cercospora apii*），真菌。

三、防治方法

（1）选用抗病品种，如津南实芹 1 号等；

（2）48℃温水浸种 30 分钟；

（3）三年以上的轮作；

（4）合理密植、控水；

（5）发病初期喷洒 66% 二氢蒽醌水分散粒剂 1800 倍液，或 70% 丙森锌可湿性粉剂 500 倍液进行防治；在保护地可用 45% 的百菌清烟剂，每亩 200g。

第三节 芹菜菌核病

一、发病症状

为害芹菜靠近地面的叶柄基部和根颈部。病部初呈淡黄色水渍状病斑，湿度大时出现软腐，表面密生白色絮状菌丝体，后形成黑色鼠粪状菌核。

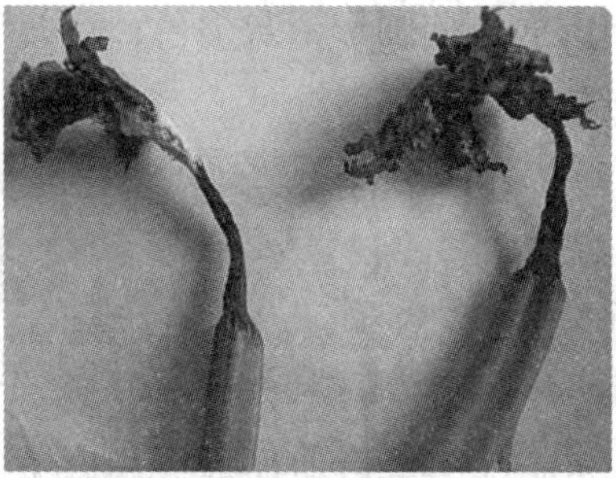

图 8－4 芹菜菌核病发病症状（蔬菜病虫害诊治图鉴）

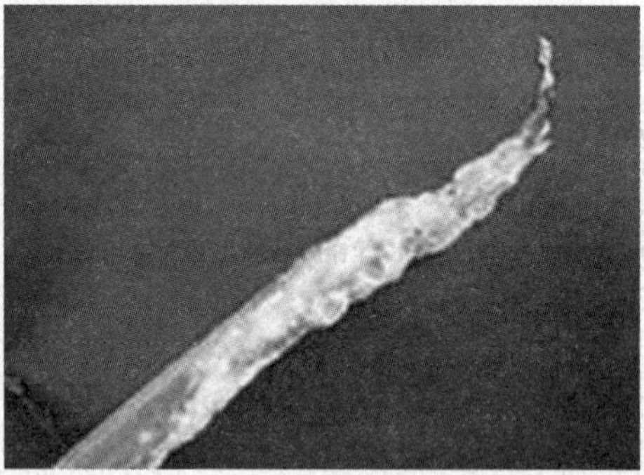

图 8－5 芹菜菌核病发病症状（来自于黄江涛）

二、病原菌

Sclerotinia sclerotiorum（lib.）De Bary，称核盘菌，属子囊

菌亚门真菌。

三、防治方法

（1）实行轮作。与水生蔬菜、禾本科作物或葱蒜类蔬菜轮作。

（2）种子消毒。从无病株上选留种子，或使用55℃左右的温汤浸种10～15分钟，然后移入冷水，然后晾干再播种。

（3）加强田间管理。收获后及时深翻或灌水浸泡，或者闭棚7～10天，利用高温杀灭表层菌核；采用地膜覆盖，阻挡子囊盘出土，减轻发病。

（4）药剂防治。发病初期，浇水前一天可用50%啶酰菌胺水分散粒剂1500倍液，或40%菌核净可湿性粉剂600倍液，或50%苯菌灵可湿性粉剂1500倍液喷雾处理；棚室内可采用10%腐霉利烟剂或10%氟吗·锰锌粉尘剂。

第九章　菊科病害识别与绿色防控

第一节　莴笋霜霉病

一、发病症状

主要危害叶片，下部的叶片正面呈淡黄色病斑，后扩大成黄褐色、不规则形或受叶脉限制成多角形，病斑背面长出稀疏霜状霉层，病害从下部叶片向上部叶片发展。

图9－1

二、发病规律症状

病原主要以菌丝体和分生孢子器随病残体遗落在土壤中越

冬。病原借雨水传播蔓延，以分生孢子进行初侵染和再侵染。在大田中，7 月下旬姜叶斑病开始蔓延发病，8 月中下旬为流行盛期，9 月上旬为发病末期，此期间日平均温度为 25℃，是全年温度最高、降雨量最大的时期。

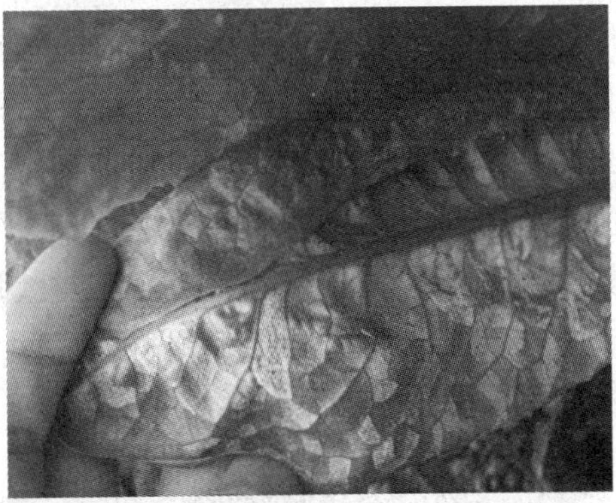

图 9－2

三、防治方法

（1）选用抗病品种。

（2）加强栽培管理：培养无病壮苗；高畦栽培、合理密植；施用具有清香味道的有机肥；高温闷棚等。

（3）化学防治

播前可用 50% 烯酰吗啉可分散粒剂 2000 倍液淋湿根际土壤；用种子重量的 0.1% 的 35% 甲霜灵拌种剂拌种。发病前，可用木霉菌进行喷雾预防。发病初期可用 72% 霜脲锰锌可湿性粉剂 1500 倍液，或 58% 甲霜灵锰锌可湿性粉剂 800 液进行喷雾，间隔 7～10 天喷施 1 次，连喷 2～3 次。注意：叶背要喷到。

第二节　莴笋炭疽病

一、发病症状

下部叶片先发病，初为褐色圆形水浸状小斑点，直径不过1mm左右，以后扩大为3～8mm的圆斑，边缘色深，中部色淡呈黄褐色或灰褐色，后期病叶穿孔。在叶柄和叶片的中肋产生合适至黑褐色长形病斑，多由中脉基部发生，向顶部扩展，造成叶脉坏死。后期病斑腐烂凹陷，可引起周边叶组织发黄或变褐腐烂，造成叶片萎蔫至脱落。高湿条件下病斑上产生污白色至淡红色霉状物。

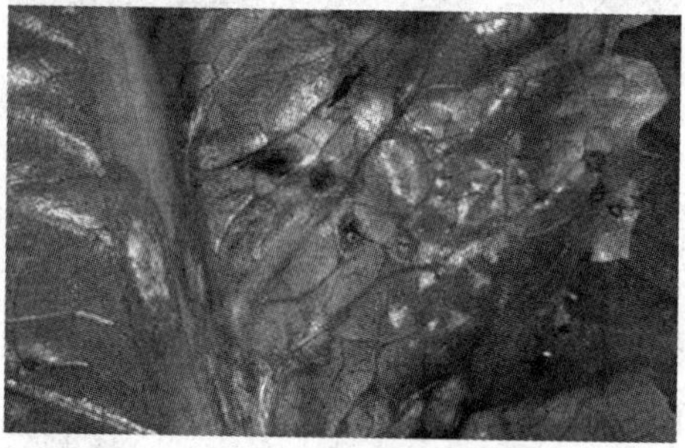

图9－3

二、病原菌

帕纳托尼微座孢（Microdochium panattonianum），真菌。

三、发病规律

主要由病原菌的小菌核随病残体在土壤中越冬，带菌土壤随气流、农机具等扩散传播，病株产生分生孢子，随风、雨扩散引起再侵染。适宜发病温度为10℃～30℃，适温20℃～22℃。

四、防治方法

（1）栽培防治：清洁田园；利用土壤蒸汽灭菌；清除病苗；受病原菌污染农器具需要污染。

（2）药剂防治：利用45%咪鲜胺水乳剂进行防治。

第三节　莴苣菌核病

莴苣菌核病是莴笋生产中常见病害，发生严重时发病率达40%以上，甚至全田绝收。莴苣菌核病菌寄主广泛，除侵染莴苣外还可侵染十字花科、葫芦科、豆科、茄科等19科71中植物。

一、为害症状

莴苣菌核病主要危害莴苣的茎基部，严重时可以为害叶片和茎秆上部。发病初期先从近地面茎基部或接触土壤中衰老叶片边缘、叶柄出现褐色水渍状病斑，随病情发展褐色病变组织逐渐腐烂，病变组织部位密生棉絮状白色菌丝体，后期产生菌核。菌核初期为白色，后逐渐变为鼠粪状黑色颗粒状物。病株叶片凋萎，生长不良，呈青枯状萎蔫，发病严重的植株常整株腐烂瘫倒。留种植株发病后期，茎秆内腐烂变成空腔，剥开茎部，可见有许多鼠粪状菌核。

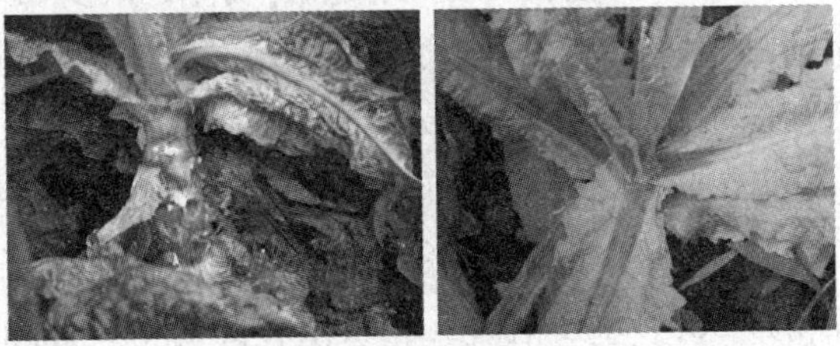

图9－4　莴苣菌核病

二、病原物

病原为核盘菌（*Sclerotinia sclerotiorum*（Libert）de Bery），属子囊菌门核盘菌属真菌。菌核球形或鼠粪状，直径 1～10mm，可生 1～20 个子囊盘。子囊盘杯状或盘状，浅棕色，直径可达 11mm，有柄。子囊圆筒形，整齐排列于子囊盘表面，大小 114～155×7.7～13μm，内含 8 个子囊孢子。子囊孢子椭圆形或梭形，单胞，无色，大小 8～13×4～8μm。菌核无休眠期，但抗逆力很强，温度 18℃～22℃，有光照及足够水湿条件，菌核即萌发，产生菌丝体或子囊盘。

三、发生规律

以菌核在土壤中越冬，萌发时产生子囊盘及子囊孢子，借气流、雨水或农具传播，从植株的衰老部位侵入。莴苣生长中后期发生较多，病菌喜温暖潮湿的环境，温度在 20℃左右，湿度达到 85% 以上利于发病。

连作地、地势低洼、排水不良、前茬作物菌核病严重，残留菌核量多的田块发病较重。栽培上种植过密、通风透光差，氮肥施用过多的田块发病重。

四、防治方法

（一）农业防治与非寄主作物轮作 2～3 年，减少土壤中菌核数量。加强田间管理，及时清除病残体，减少田间菌核数量；采用高畦覆膜栽培，可阻断子囊孢子向空中释放。莴苣生长期应适量浇水，雨后及时排水。

（二）药剂防治发病初期可用 50% 腐霉利可湿性粉剂 1000 倍液；50% 异菌脲悬浮剂 800～1000 倍液；40 亿孢子/克盾壳霉可视性粉剂 500～800 倍液；40% 菌核净可湿性粉剂 1000 倍液等，均匀喷雾防治，间隔 7～10 天，连续防治 2～3 次。

第十章　天南星科病害识别与绿色防控

第一节　芋疫病

一、症状

芋疫病主要为害芋叶片，也为害叶柄和球茎。该病一般在每年的梅雨季节和盛夏期间发生。叶片染病初期，在叶正面出现黄褐色或者浅棕色的圆形小斑，一般先发生在上部和外部雨水能冲击到的部位，后渐扩大并融合成圆形或不规则轮纹大斑，斑点边缘有墨绿色的水渍状环。湿度大时，斑面尤其近边缘处出现白粉状薄霉层病征，并常伴随由坏死组织分泌的黄色至淡褐色的液滴状物。疫病一旦发生，在条件合适的情况下，蔓延十分迅速，发病严重时，许多病斑相连，病斑中央部分后期腐烂穿孔，严重时仅残留叶脉。芋田湿度较大时，叶柄也能染病，柄上生出大小不等的黑褐色不规则斑，病斑连合并绕柄扩展，终致叶柄腐烂倒折，叶片全萎。地下球茎染病，病部组织变褐腐烂，可导致整个芋头变褐腐烂。

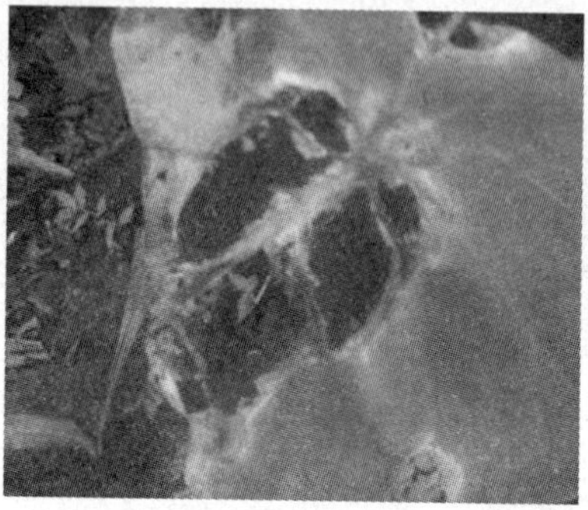

图 10－1

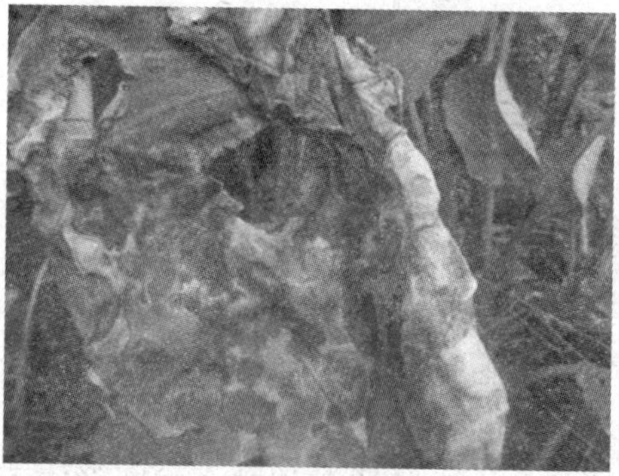

图 10－2

二、病原

芋疫病的病原菌为芋疫霉菌（*Phytophthora colocasiae* Racib）。病菌主要以菌丝体在种芋的球茎内或病残体上及水芋上越冬，也能产生厚垣孢子随病残体在土壤中越冬。

三、防治方法

（一）清洁田园

该病是以菌丝或孢子在病株残体上或土壤中越冬，成为第 2 年田间发病的初侵染源，使植株感染发病。因此在每年芋头收获后，要及时把田间所有病叶、茎等病株残体收集后，集中烧毁或深埋。

（二）芋种处理

要从无病田选择健康的芋株留种，选择无病虫霉烂、形状整齐、顶芽饱满充实的子芋作芋种；种前晒种 2 d，并用 70% 甲基甲基硫菌灵可湿性粉剂 600 ~800 倍液或 50% 多菌灵可湿性粉剂 500 倍液浸种，浸泡时芋种要完全浸没在溶液中，12h 后捞起，晾干后下种。

（三）化学防治

用药早迟是防治芋疫病的关键。晴雨相间和高温多湿的盛夏期间最易感病，因此，种植户应在此期间深入芋田细致检查。一旦发现中心病株应整株拔起并销毁，并全田用药防治，把病情消灭在初发期，防止扩散蔓延。发病初期可选用 10% 氰霜唑悬浮剂 1 000 倍液、68. 75% 银法利（氟菌 · 霜霉威）悬浮剂 500 倍液等喷雾防治，每隔 7 ~10 d 喷 1 次，连续 3 ~4 次。喷药时注意茎、叶等各部位喷洒均匀，雨天后要及时补喷。

第十一章　蔬菜虫害识别与绿色防控

第一节　蚜虫总论

一、识别

危害蔬菜的蚜虫种类很多，主要有瓜蚜、桃蚜、萝卜蚜、甘蓝蚜和豆芽。桃蚜是为害蔬菜和水果的重要害虫，萝卜蚜和甘蓝蚜是取食十字花科蔬菜的专性害虫。随着设施农业的快速发展，保护地蔬菜栽培面积逐年扩大，蚜虫常年发生，并且逐渐加重。蚜虫繁殖周期短、代数多、速度快，可周年发生。蚜虫喜欢聚集在蔬菜的叶背、嫩叶、嫩茎、嫩梢及花中刺吸汁液，造成叶片卷缩变形，影响植株生长，并排泄大量蜜露、脱皮而污染叶片。并传播病毒，造成更大损失。

有翅桃蚜头、胸部黑色，腹部淡暗绿色，背部中央有一淡黑色大斑块，两侧有小斑。无翅桃蚜卵圆形，绿色或黄绿色。头部色较深，表皮粗糙，有粒状结构，但背中区光滑，体侧表皮粗糙，背片有横皱纹，有时可见稀疏弓形构造。卵圆形，初成褐绿色，后逐渐变成黑褐色。

有翅萝卜蚜头、胸部黑色，腹部黄绿色至深绿色，腹部黄绿色，在腹部第一、二节背面各有一条淡黑色横带。无翅萝卜蚜黄绿色，体稍覆有白色蜡粉，活时胸部及腹部背面两侧各节各有一条长方形的浅褐色斑。

有翅甘蓝蚜头、胸部黑色，腹部黄绿色，有数条很不明显的暗绿色横带，两侧各有 5 个黑点，全身覆有明显的白色蜡粉。无翅甘蓝蚜黄绿色至暗绿色，有明显的白色蜡粉，头背黑色，中缝隐约可见，胸节有缘斑，中侧斑断续。

二、危害症状

3 种蚜虫对寄主的偏嗜性不同。其中，桃蚜寄主约 352 种，除了危害十字花科蔬菜外，还危害茄子、番茄等茄科植物；萝卜蚜寄主约 30 种，主要为害白菜、萝卜等十字花科蔬菜。甘蓝蚜寄主 50 余种，主要为害甘蓝、花椰菜等。三种蚜虫都是以成蚜或若蚜成群密集在菜叶或菜心上刺吸汁液，造成叶片卷曲变形，且大量分泌蜜露，污染蔬菜，诱发煤污病；同时为害植株嫩茎、叶、花梗及嫩荚，使之不能正常抽薹、开花和结果。此外，菜蚜还传播多种病毒病，其间接引起的危害远远大于蚜虫本身的危害。

图 11－1　蚜虫危害番茄症状

图 11－2　蚜虫个体特征

三、发生规律

菜蚜主要在蔬菜枯叶、菜心、留种菜上越冬。此外，在蔬菜保护地和储藏菜窖是另外一个菜蚜越冬的重要场所。当菜蚜越冬卵孵化后，翌年的 3－4 月繁殖或迁飞。当温度在 16℃～24℃，相对湿度为 75% 以下时菜蚜会迅速繁殖，以孤雌繁殖为主。当日平均温度高于 26℃，相对湿度大于 80% 时，菜蚜种群数量下降，这是夏季高温高湿季节种群下降的重要原因。菜蚜在春、秋季达到繁殖的高峰期，每年发生 20 余代，繁殖速度十分惊人。

菜蚜具有趋色性，对黄色、橙色有较强的正趋性，对银灰色有负趋性。菜蚜的天敌昆虫很多，其中捕食性的天敌有瓢虫类的七星瓢虫、异色瓢虫等；食蚜蝇类的黑带食蚜蝇等；草蛉类的大草蛉、丽草蛉等。部分天敌生物已经商品化。

四、防治方法

（1）农业防治。应因地制宜地选用高产、抗虫性强的蔬菜品种。紫甘蓝相比于绿色性甘蓝对萝卜蚜的抗（耐）性更强。及时清除田间、地边及垄沟等周边的杂草、病残株，尤其是初春和秋末除草，可以消灭大量虫源。避免十字花科蔬菜连作，提倡水旱轮作。

（2）物理防治。利用蚜虫的趋色性，设置黄色黏虫板进行诱杀。利用菜蚜对银灰色的负趋性，在田间铺盖银灰色地膜。在保护地通风口安置40筛目防虫网，阻止有翅蚜迁入或迁出棚室。

（3）生物防治。蚜虫的天敌种类很多，主要有瓢虫、食蚜蝇、草蛉等，数量大，种类多，对蚜虫种群的控制作用显著。在蚜虫天敌的盛发期尽可能在田间少施或不施农药，避免杀伤天敌。

（4）药剂防治。在作物生长期间可用70%吡虫啉水分散粒剂10.5～21克/公顷、15%啶虫脒乳油15～30克/公顷等。另外，防治菜蚜时，可采用高效、低毒的绿色农药，如1%苦参碱可溶液剂7.5%～18克/公顷、2.5%鱼藤酮乳油80～100倍液。

第二节　白粉虱

白粉虱是大棚内种植作物的重要害虫。寄主范围广，蔬菜中的黄瓜、菜豆、茄子、番茄、辣椒、冬瓜、豆类、莴苣以及白菜、芹菜、大葱等都能受其为害，还能为害花卉、果树、药材、牧草、烟草等112个科653种植物。

一、虫害识别

白粉虱成虫和若虫吸食植物汁液，被害叶片变黄、萎蔫，甚至全株死亡。白粉虱能够分泌大量蜜露，污染叶片和果实，造成煤污病。白粉虱也可传播病毒病。

白粉虱，成虫体长1～1.5mm。翅及胸背披白色粉。淡黄白色或白色，刺吸式口器，雌雄均有翅，雌虫个体大于雄虫，其产卵器为针状。卵长椭圆形，长0.2～0.25mm，基部有卵柄，产于叶背，初产淡黄色，披有白色粉，近孵化时变褐。若虫椭圆形、扁平，体长0.8mm，淡黄或深绿色，体表有长短不齐的蜡质丝状突起。伪蛹椭圆形，长0.7～0.8mm，中间略隆起，黄褐色，体背有5～8对长短不齐的蜡丝。

图11－7　白粉虱个体特征

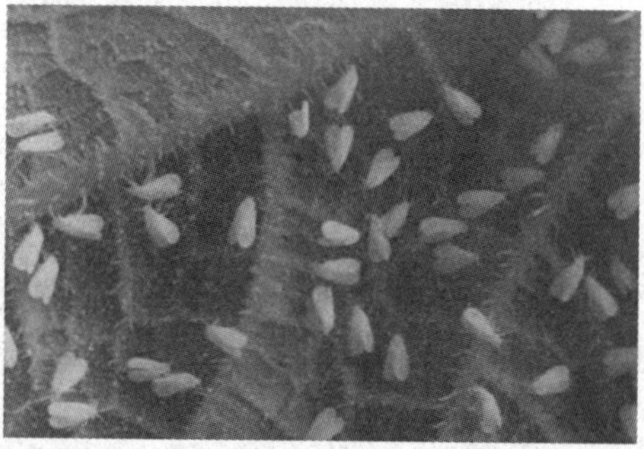

图11－8　温室白粉虱

二、防治方法

（1）棚室内可释放丽蚜小蜂防治。

（2）成虫对黄色有很强的趋性，可用黄板进行诱杀。

（3）白粉虱开始发生时可用10%吡虫啉可湿性粉剂1500倍液；25%噻虫嗪水分散粒剂4000～6000倍液；10%吡丙·

吡虫啉悬浮剂 1200 ~ 2000 倍液；兑水叶片正反面均匀喷雾，视虫情间隔 7 天左右喷施 1 次。

第三节　蓟马

蓟马是一种取食植物汁液为生的昆虫，属昆虫纲缨翅目。幼虫呈白色、黄色或橘色，成虫呈棕色或黑色。主要危害植物叶子和花朵。世界已知种类约 3000 中，中国约 300 种。为害蔬菜的主要种类有瓜蓟马、葱蓟马、西花蓟马等。

图 11 - 9　西花蓟马

图 11 - 10　蓟马取食花器

一、虫害识别

蓟马是锉吸式口器，以成虫和若虫锉吸植株幼嫩组织汁液，被害嫩叶，叶片变薄、变形、卷曲，植株生长缓慢，节间缩短。被害幼果，表皮破裂，逐渐失水干缩，疤痕随果实膨大而扩展，并呈木栓化银白色或灰白色。蓟马也可以传播病毒病造成更大危害。

二、防治方法

（1）早春清除田间及地边杂草和枯枝残叶，减少越冬虫源。

（2）田间发生时使用药剂防治，蓟马隐蔽性较强，需选择内吸性较好的药剂，可用20%多杀．吡虫啉悬浮剂1000～1500倍液；19%溴氰虫酰胺悬浮剂4000～5000倍液；25%噻虫嗪水分散粒剂3000～4000倍液；兑水均匀喷雾防治，视虫情间隔7天左右防治1次。

第四节　茶黄螨

茶黄螨属蛛形纲蜱螨目跗线螨科茶黄螨属的一种昆虫。是危害蔬菜较重的害螨之一，寄主广泛，已知寄主达70多种，主要为害黄瓜、茄子、辣椒、番茄、瓜类、豆类、萝卜等蔬菜。近年来对蔬菜危害日益严重。

一、虫害识别

以成螨和幼螨在蔬菜有没部位刺吸为害。叶片受害，叶背面呈灰褐色或黄褐色，油浸状，叶片边缘向下卷曲；嫩枝受害变黄褐色、变形，严重时植株顶部干枯；果实受害，果皮变黄褐色。成螨长约0.19～0.21mm，雌螨体躯阔卵形，体节明显，淡黄色至黄绿色，有光泽。足 4 对，背中线有 1 白色条纹，腹部末端平截；雄螨体躯近六角形，腹部末端有锥台形尾吸盘，足较长且粗壮。幼螨进椭圆形，躯体 3 节，足 3 对。卵长约 0.1mm，椭圆形，灰白色半透明。

图 11－11　辣椒茶黄螨为害叶片

图 11－12　辣椒茶黄螨危害果实

二、防治方法

（1）清除田间地边杂草、残枝败叶，消灭越冬虫源。

（2）发生初期药剂防治，可用 35% 杀螨特乳油 1000 倍液；73% 炔螨特乳油 1000 倍液；2.5% 联苯菊酯乳油 3000 倍液；20% 螨克乳油 1000～1200 倍液；10% 阿维·哒螨灵乳油 2000～3000 倍液；兑水叶正反面均匀喷雾防治，视虫情间隔 7～10 天防治 1 次。

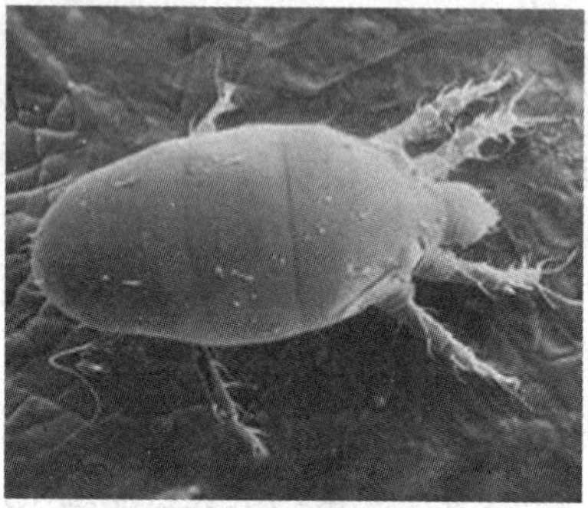

图 11－13　茶黄螨放大个体

第五节　斑潜蝇

斑潜蝇又称鬼画符，属于双翅目潜蝇科害虫。1993 年由巴西传入我国，目前全国各地均有发生。主要为害黄瓜、番茄、茄子、辣椒、豇豆、蚕豆、大豆、菜豆、西瓜、冬瓜、丝瓜等 22 个科 110 多种植物。

一、虫害识别

成、幼虫均可为害。雌成虫飞翔把植物叶片刺伤，进行取食和产卵，幼虫潜入叶片和叶柄为害，产生不规则蛇形白色虫道，叶绿素被破坏，影响光合作用，受害植株叶片脱落，造成花芽、果实被灼伤，严重的造成毁苗。

成虫小，体长 1.3～2.3mm，翅长 1.3～2.3mm，体淡灰黑色，足淡黄褐色，复眼酱红色。卵椭圆形，乳白色，大小为 0.2～0.3×0.1～0.15mm。幼虫蛆形，老熟幼虫体长约 3mm。幼虫有 3 龄：1 龄较透明，近乎无色；2～3 龄为鲜黄或浅橙黄色，腹末端有一对圆锥形的后气门。蛹为围蛹，椭圆形，腹面稍扁平，大小为 1.7 ~ 2.3 × 0.5 ~ 0.75mm，橙黄色至金黄色。

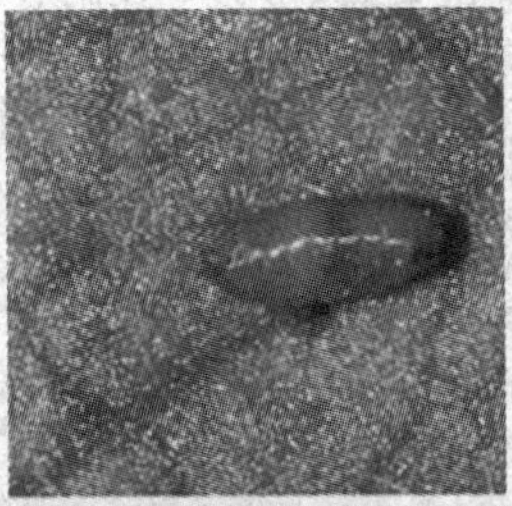

图 11－14　美洲斑潜蝇成虫

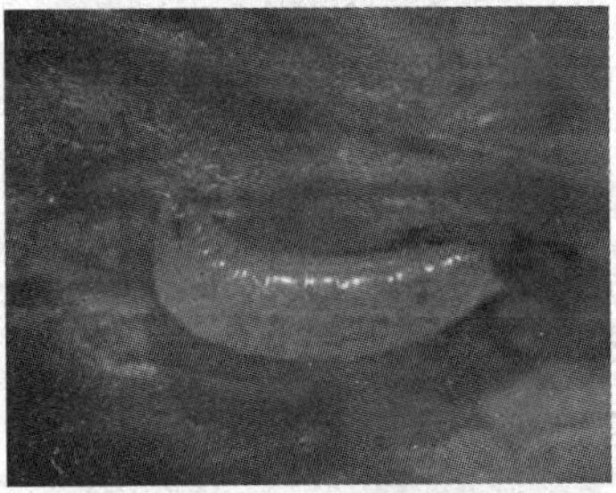

图 11－15　美洲斑潜蝇幼虫

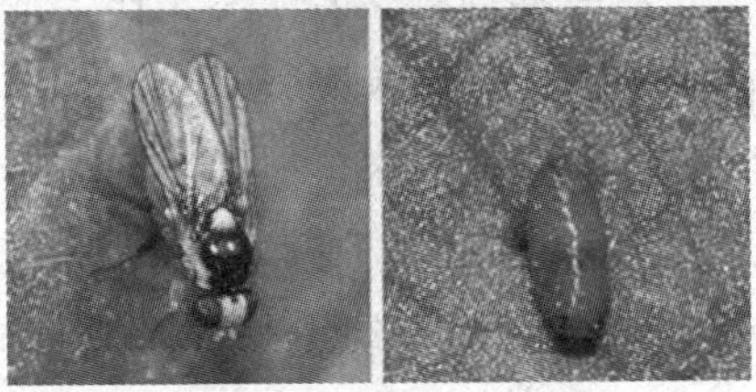

图 11－16　美洲斑潜蝇蛹

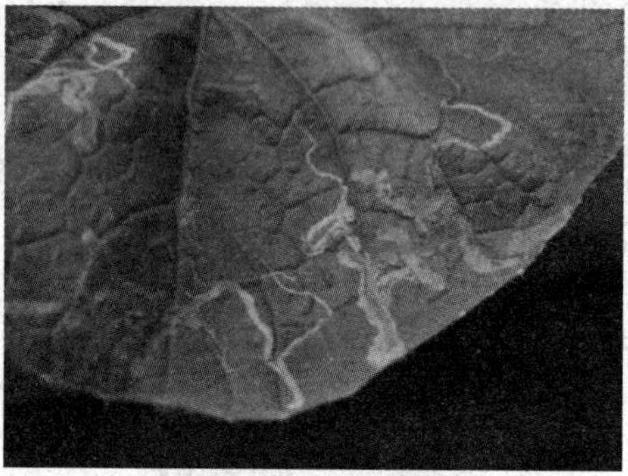

图 11－17　斑潜蝇危害状

二、防治方法

药剂防治，可用 20% 灭蝇胺可溶性粉剂 2500～3000 倍液兑水均匀喷雾防治，视虫情间隔 7～10 天防治 1 次。

第六节　棉铃虫

棉铃虫属鳞翅目，夜蛾科钻蛀性害虫。我国棉区和蔬菜区均有发生。寄主植物 20 多科 200 余种，为害十分严重。

一、虫害识别

成虫，灰褐色中型蛾，体长 15～20mm，翅展 31～40mm，前翅外横线有深灰色宽带，带上有 7 个小白点，肾纹，环纹暗褐色。后翅灰白，沿外缘有黑褐色宽带，宽带中央有 2 个相连白斑。后翅前缘有 1 个月牙形褐色斑。

卵，半球形，高约 0.5mm，表面布满纵横纹。

幼虫，一般有 6 龄，老熟幼虫长 40～50mm，头黄褐色，幼虫体色多变，有 4 个类型。（1）体色淡红，背线，亚背线褐色，气门线白色，毛突黑色。（2）体色黄白，背线，亚背线淡绿，气门线白色，毛突与体色相同。（3）体色淡绿，背线，亚背线不明显，气门线白色，毛突与体色相同。（4）体色深绿，背线，亚背线不太明显，气门淡黄色。气门上方有一褐色纵带，是由尖锐微刺排列而成（烟青虫的微刺钝圆，不排成线）。幼虫腹部第1，2，5节各有2个毛突特别明显。

蛹，长17~20mm，纺锤形，赤褐至黑褐色，腹末有一对臀刺，刺的基部分开。气门较大，围孔片呈筒状突起较高，腹部第5~7节的点刻半圆形，较粗而稀（烟青虫气孔小，刺的基部合拢，围孔片不高，第5~7节点刻细密，有半圆，也有圆形的）。入土5~15cm化蛹，外被土茧。

图11-18　棉铃虫成虫

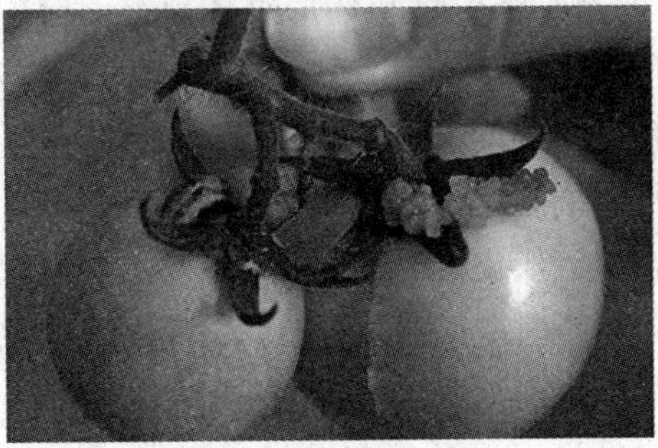

图11-19　棉铃虫危害番茄

二、防治方法

（1）结合虫情测报，强化农业防治措施，降低越冬虫基数。

（2）物理防治，用频振式杀虫灯、杨柳枝诱杀成虫。

（3）化学药剂防治，可用1%甲氨基阿维菌素苯甲酸盐乳油3000～4000倍液；4.5%高效氯氟氰菊酯乳油1500～3000倍液；8000IU/mg苏云金杆菌可湿性粉剂1000～1500倍液；5%氟啶脲乳油1000～2000倍液；10%溴氰虫酰胺悬浮剂10000～15000倍液；兑水均匀喷雾防治，用药时间应在幼虫未蛀入果实前进行，视虫情间隔7～10天防治1次。

第七节　甜菜夜蛾

甜菜夜蛾属鳞翅目，夜蛾科。各地均有发生。可危害甘蓝、番茄、辣椒、莴笋等170多种蔬菜和作物。

一、虫害识别

成虫为中小型飞蛾，体翅灰褐色，体长12mm左右，翅展25～34mm。前翅有肾形纹和环形纹各一个，后翅银白色。卵馒头形，白色，多产于叶背，块状。幼虫体长约22mm，体色多变，有绿色、黄色至灰褐色。腹部体侧有明显的黄白色纵线，直达腹部末端。初孵幼虫聚集叶背，吐丝使叶片反卷，取食叶肉仅留表皮，形成透明小孔。3龄以上幼虫取食叶片造成孔洞或缺刻，严重时造成菜苗死亡，3龄以上幼虫亦可蛀食辣椒、番茄果实。老熟幼虫入土化蛹，蛹为黄褐色。

图 11－20　甜菜夜蛾成虫

图 11－21　甜菜夜蛾幼虫

二、防治方法

（1）翻耕土壤，可消灭部分虫蛹。

（2）人工摘除卵块，拔除低龄幼虫危害株；在田间容易发现带卵块的叶片和低龄幼虫危害株，应及时清除集中消灭。

（3）利用黑光灯诱、频振式杀虫灯诱杀成虫。

（4）利用绿僵菌、白僵菌生物药剂防治，或利用姬蜂、茧蜂等天敌昆虫防治。

（5）利用化学药剂防治。可用 10% 醚菊酯悬浮剂 1500～2000 倍液；14% 氯虫·高氯氟微囊悬浮剂 10000～20000 倍液；60g/L 乙基多杀菌素悬浮剂 12500～15000 倍液；兑水均匀喷雾防治。

第八节　茄黄斑螟

茄黄斑螟又称茄子钻心虫、茄螟、茄白翅野螟等。在我国湖北、湖南、广西、广东、江西、浙江、四川、山东等省份均有发生。主要危害茄子、番茄、青椒、龙葵、马铃薯等蔬菜。发生严重时经济损失可达60% ~70% 。

一、虫害识别

茄黄斑螟主要以幼虫蛀食幼根、嫩茎、嫩梢和果实，引起枯萎、断稍、落花和落果。茄黄斑螟成虫体长约 8mm，翅展约 25mm，体、翅为白色，前翅有 4 个明显的黄色大斑，翅顶角下方有 1 黑色眼形斑，翅基部浅黄褐色；后翅中室有 1 小黑点，有明显的后横线和两个浅黄色斑。

茄黄斑螟卵为水饺形，表面光滑，长约 0. 75mm，宽约 0. 45mm。初产是为乳白色，后为鲜红色，孵化前为灰黑色。

茄黄斑螟幼虫一般为 5 龄，末龄幼虫长 16 ~18mm，体色随虫龄变化较大，初龄黄白色，中龄灰黄色，末龄粉红色。头及前胸背板黑褐色，背中线淡褐色，各节有 6 个黑褐色疣状毛斑。腹部末端黑色。

茄黄斑螟蛹体长 8 ~9mm，体色黄褐色，头三角形稍突出，腹面扁平。

二、防治方法

（1）加强田间管理。茄子生长期须定期清除有虫枝、稍及茄果，茄子采收后及时清除残枝落叶，清洁田园，深耕晒土，减少越冬虫源。

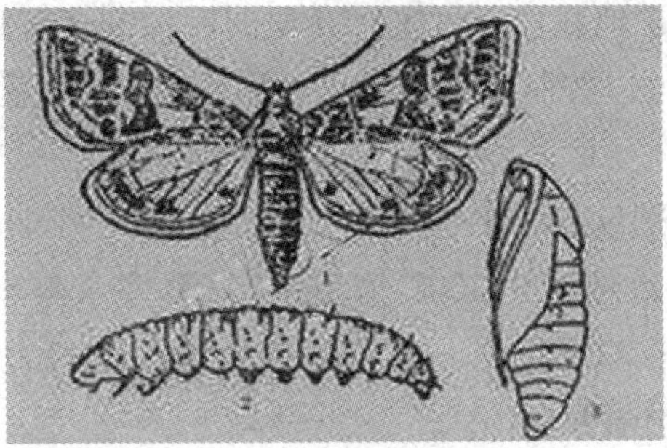

图 11－22　茄黄斑螟线图

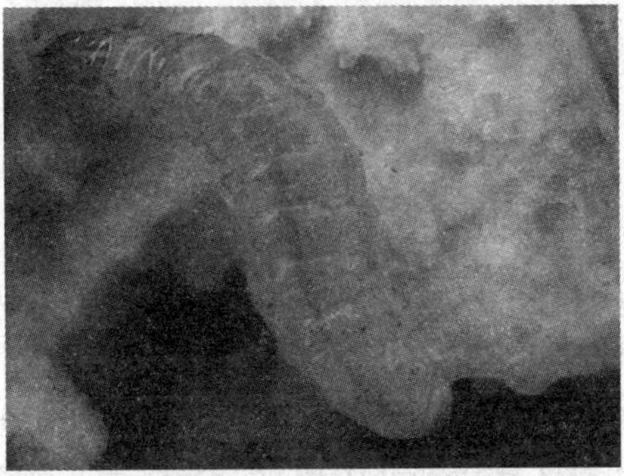

图 11－23　茄黄斑螟幼虫

图 11－24　茄黄斑螟成虫

（2）保护地栽培。可实行高温闷棚控制茄黄斑螟的发生，高温闷棚还可以控制蓟马、蚜虫、褐纹病、绵疫病等多种病虫害的发生。

（3）药剂防治。在茄黄斑螟幼虫孵化盛期用药，可用150g/L 茚虫威悬浮剂 3000 倍液；25g/L 多杀霉素悬浮剂 800 ~1000 倍液；22% 噻虫·高氯氟微囊悬浮剂 12000 ~20000 倍液，兑水均匀喷雾防治。

第九节　豆荚螟

一、虫害识别

豆荚螟以幼虫为害豆叶、花及豆荚，常卷叶为害或蛀入荚内取食幼嫩的种粒，荚内及蛀孔外堆积粪粒，受害豆荚味苦，不堪食用。本地 1 年发生 7 代，以蛹在土中越冬。幼虫共 5 龄，初孵幼虫蛀入嫩荚或花蕾取食，造成蕾、荚脱落；3 龄以后蛀入荚内食害豆粒。本地一般蛀荚率达 14% ~26%，严重的达 60% 以上。

图 11 – 25　豆荚螟成虫

图 11－26　豆荚螟幼虫取食豆荚

二、防治方法

1. 做好虫情预测，掌握防治适期。选择当地有代表性的豇豆田或其他豆类作物田块 1～2 块，自作物始花期随机取样调查花朵 100 朵左右，调查花蕾被害数与百花虫数。在花蕾被害率达到 10% 或百花有虫 15 头时即需要喷药防治。最佳防治适期一般是在豆野螟成虫产卵高峰后 5～6 天或 1 龄幼虫发生高峰后 2～3 天。

2. 清洁田园。及时清除田间的落花落荚，并摘除被害花荚，将所收集到的花、荚等物集中烧毁或深埋，以减少虫源，防止幼虫转移为害。冬前最好能够耕翻冻垡，以减少田间虫源。

3. 灯光诱杀。有条件的地方，可以在田间架设频振式杀虫灯或黑光灯，利用成虫的趋光性进行灯光诱杀。

4. 覆盖防虫网。覆盖防虫网，可有效切断虫源的传播，对豆野螟有一定的防效。

5. 药剂防治。豆科蔬菜花期最易遭受豆野螟为害，此时是防治的关键时期，在作物开花初期或现蕾期就要注意防治。喷药适宜时间在早上花朵开放时进行。应在豆野螟没有钻蛀豆荚之前喷药防治低龄幼虫，否则防效较差。如豆荚期施药，在傍晚豆野螟活动时防治效果最佳。可选用 4.5% 氯氰菊酯乳油

2000 倍液，20% 溴氰虫酰胺可分散油悬浮剂 18 克/亩等交替轮换喷雾防治，视虫情间隔 5 ~7 天防治 1 次，连续防治 2 ~3 次。

第十节　菜青虫

菜青虫是菜粉蝶的幼虫，是十字花科蔬菜的主要害虫。菜青虫是常发性害虫，分布于世界各国和我国各地，嗜食十字花科植物，尤其偏嗜含有芥子油、叶面光滑的甘蓝和花椰菜，同时，也可危害其他植物，如莴苣、苋菜等。菜青虫在啃食绿色蔬菜叶片的同时，不仅造成缺口和虫粪污染，还可以传播病原菌，造成软腐病等十字花科蔬菜的真菌病害。

一、形态特征

菜青虫成虫头大，额区密被白色及灰褐色长毛，前翅长三角形，后翅略呈卵圆形，翅粉白色，细密，顶角有一个三角形黑斑，在翅的中室外侧有两个黑色圆斑。后翅基部灰黑色，前缘也有一个黑斑。卵似瓶形，初产时乳白色，后变橙黄色，卵面有许多长方形小方格。幼虫橙黄色，渐变呈浅绿色，背部中央有一黄线。

图 11 -27　菜青虫

图 11－28　菜青虫成虫——菜粉蝶

二、症状

菜青虫危害以啃食寄主叶片为主，1～2 龄幼虫仅啃食叶肉，留下一层透明表皮；3 龄后幼虫蚕食整个叶片，轻则留下许多孔洞或缺刻，重则叶片全部被吃光，只剩粗叶脉和叶柄，影响植株生长发育和包心，造成减产。苗期受害可整株吃光。幼虫取食危害时造成的伤口利于病菌的侵染，同时其口器、食管携带病菌起到传播和接种作用，诱发十字花科蔬菜软腐病、黑腐病等病害流行发生，从而加重为害。

图 11－29　菜青虫危害白菜

图 11－30　菜青虫危害甘蓝

三、发生规律

菜青虫在我国 1 年发生的世代数因地而异，由北向南逐渐增加。主要以蛹的形式越冬，在一些大棚和温暖的地方，也可以高龄幼虫的形式越冬。田间越冬场所多在发病地块附近的墙壁、树干、杂草等处，同时房屋墙壁、棚室设施外侧等也可成为菜青虫的越冬场所。春季随着天气转暖，虫口数量逐渐上升，在 4～6 月份达到最高峰；然后盛夏虫口数量迅速下降；到秋季，即 8～10 月份又成为一个发生高峰期，再次形成严重危害。

菜青虫主要取食十字花科蔬菜，属寡食性害虫，最适温度 20℃～25℃、相对湿度 68%～80%，若气温超过 32℃或低于 －9℃，幼虫死亡。此外，北方大风，雨量过大都会影响到种群数量。

四、防治方法

（1）农业防治。尽量避免大范围内十字花科作物的连作。及时清除耕地及周边杂草。在作物收获后，及时清洁田园、清理残枝败叶，晒干烧毁。作物收获后要提前翻晒耕地，以减少虫源。选用早熟品种，如中甘 11、春甘 2 号等春甘蓝早熟品种，可避开第二代菜粉蝶为害。

（2）物理防治。利用菜粉蝶的趋光性，大面积安装太阳能杀虫灯诱杀成虫。同时，利用性诱剂诱杀菜粉蝶雄虫，使菜粉蝶雌虫产下无效卵。保护地架设防虫网、遮阳网，推广喷灌浇水技术，防治外来虫源的迁入。

（3）生物防治。在主要天敌发生期避免使用广谱性化学杀菌剂，保护天敌昆虫。在有条件的地方因地适宜的扩大应用赤眼蜂。

（4）化学药剂防治。菜粉蝶幼虫发生初期和幼龄期，采用细菌性杀虫剂，如8000IU/微升苏云金杆菌悬浮剂1500～2250克/公顷制剂喷雾防治。也可以采用昆虫生长调节剂，如25%灭幼脲悬浮剂37.5～75克/公顷防治。化学农药防治的重点主要在菜粉蝶大发生的春秋两季，特别是春季；一般在卵孵化高峰期至2龄幼虫以前开始喷施化学农药，连续喷药2～3次，每间隔5～7天喷药1次，且农药应交替使用，以延缓耐药性产生。可供选择的农药主要有0.5%苦参碱水剂4.5～6.75克/公顷、10%高效氯氟氰菊酯水乳剂15克/公顷、50g/L氟啶脲60克/亩。

第十一节　小菜蛾

小菜蛾属鳞翅目菜蛾科菜蛾属，幼虫俗称小青虫、两头尖、吊丝虫，是十字花科蔬菜生产上的一种重要害虫，为寡食性害虫，主要危害十字花科蔬菜，如花椰菜、甘蓝、大白菜等蔬菜。由于小菜蛾繁殖能力强，世代周期短，易产生抗药性，因此，近些年在我国主要的十字花科蔬菜生产上的毁灭性害虫。

一、形态特征

小菜蛾成虫为灰褐色小蛾，前翅前半部有灰褐色，中间有一条黑色波纹状；后翅灰白色。虫卵扁平，椭圆形，淡黄色。幼虫呈纺锤形，初为淡绿色，渐成当黄绿色，最后变成灰褐色。蛹化形成纺锤形，灰白色虫茧，常依附在菜叶背面或茎部。

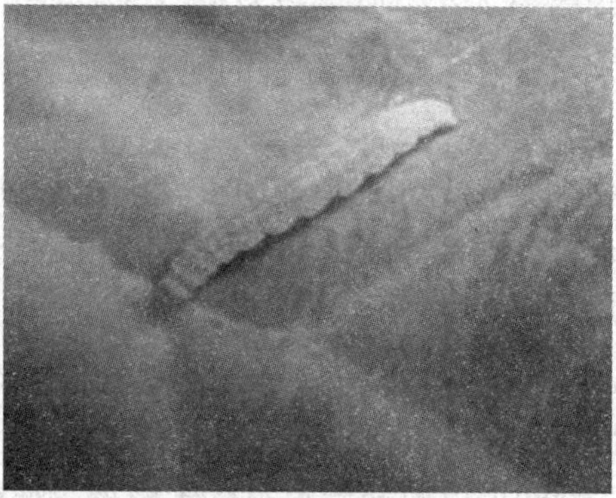

图 11－31　小菜蛾幼虫

图 11－32　小菜蛾成虫

二、症状

小菜蛾以幼虫危害叶片为主。当初孵幼虫食量小时，仅啃食叶肉，造成叶面小洼坑，有时头部可潜在叶组织内为害；幼虫稍大后多在叶背面取食叶肉，仅留下一面表皮，透明斑状如同“小天窗”；3~4 龄以后可将叶片吃成孔洞或缺刻，严重的菜叶成网状。苗期小菜蛾常集中为害叶心，取食生长点，影响包心，在留种菜上为害幼茎、幼荚，影响结实等。

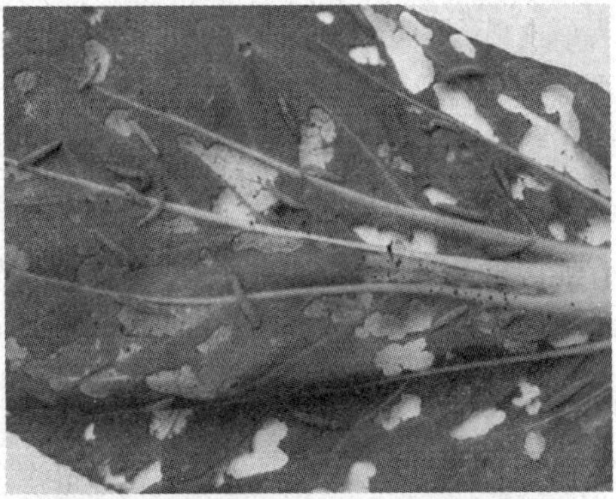

图 11－33　小菜蛾幼虫危害大白菜

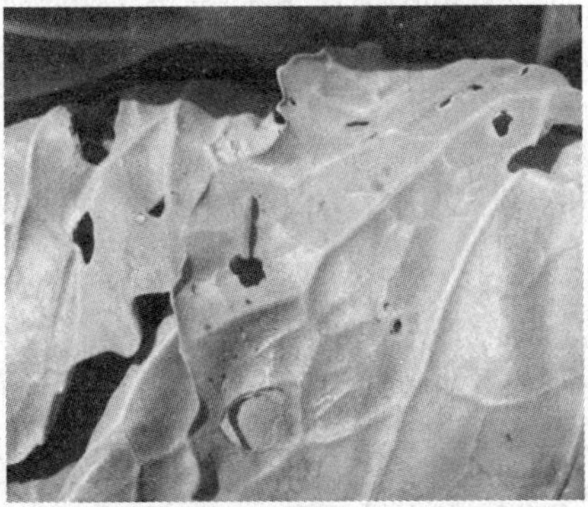

图 11－34　小菜蛾幼虫危害甘蓝

三、发生规律

小菜蛾一年发生代数因地而异，从南向北递减，在代数发生多的地方，世代重叠严重。虫蛹在田间残株落叶或杂草间越冬。成虫早春出现，昼伏夜出，白天隐藏在植株荫蔽处或杂草丛中，日落后开始取食、交尾、产卵，晚间19：00到23：00活动最盛。有趋光性。成虫羽化后即可交配，一生可交配多次，交配后当晚即可产卵。虫卵产于叶背主脉两侧或叶柄上，单粒或3～5粒排成一堆。老熟幼虫一般在被害叶片背面、叶柄、叶脉及杂草上吐丝作茧化蛹。

小菜蛾的寄主范围主要局限于含芥子油的十字花科植物，对不同的十字花科植物的选择性存在显著差异。对不同的温度变化适应性强，但当温度大于35℃时，虫卵不能孵化。田间相对湿度对小菜蛾的生长发育影响不大，但降雨对田间小菜蛾种群增长有抑制作用。

四、防治方法

（1）农业防治。合理布局，尽量避免小范围内十字花科蔬菜周年连作，在小菜蛾为害猖獗的地方，建议大菜场采用夏季休耕、晒田、与水稻轮作的方法，达到减少虫源的目的。蔬菜收获后，要及时处理田间枯、残株及残菜叶，清除虫蛹，减少初始虫源。

（2）物理防治。小菜蛾有趋光性，在成虫发生期，每10亩地设置一盏黑光灯，可诱杀大量小菜蛾，减少虫源。在保护地加盖防虫网，防治外来虫的迁入。

（3）生物防治。十字花科蔬菜定植后即在田间摆放小菜蛾性信息素和诱捕器。在有条件的地方释放商品化的幼虫寄生性天敌或赤眼蜂等卵寄生性天敌。

（4）化学药剂防治。采用细菌性杀虫剂，如16000IU/毫克苏云金杆菌1500～4500克/公顷制剂，或者400亿个孢子/克球孢白僵菌水分散粒剂390～525克/公顷制剂等，可使小菜蛾幼虫大量感病死亡。5%阿维菌素水乳剂7.5～11.25克/公顷，10％溴氰虫酰胺可分散油悬浮剂15～21克/公顷，或

1.8%阿维·高氯乳油 13.5～27 克/公顷等。

第十二节　夜蛾科害虫

夜蛾科害虫是主要农业害虫类群，其中主要为害十字花科蔬菜的种类主要有斜纹夜蛾、甜菜夜蛾、甘蓝夜蛾三类。夜蛾科害虫危害主要以幼虫啃食植株叶片为主，寄主范围广泛，主要包括甘蓝、大白菜、红菜薹等。

一、形态特征

斜纹夜蛾头、胸、腹均深褐色，胸部背面有白色丛毛，腹部前数节背面中央具有暗褐色丛毛。前翅灰褐色，具有复杂的黑褐色斑纹，翅基部前半部有白线数条，内横线及外横线灰白色，波浪状，内外横线间有灰白色宽纹，在环状纹与肾状纹间，自前缘向后缘外方有 3 条白色斜纹。后翅白色，无斑纹。卵扁半球形，初产黄白色，后转淡绿，最后紫黑色。幼虫头部黑色，体色因寄主和虫口密度不同而略有差异，背线、亚背线及气门下线均为灰黄色，胸足进黑色，腹足暗褐色。

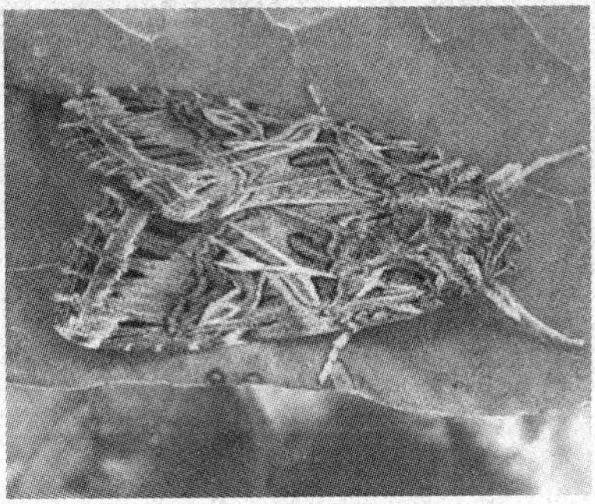

图 11－35　斜纹夜蛾成虫

甜菜夜蛾灰褐色，头胸有黑点。前翅灰褐色，基线仅前段可见双黑纹，中央近前缘外方有肾形纹 1 个，内方有环形纹 1 个，均为土红色。后翅白色，略带粉红，翅缘灰褐色。卵圆馒头形，白色，卵块外面覆白色绒毛。幼虫较大，有绿色、暗绿色、黄褐色等个体差异，腹部气门下线为明显的黄白色纵带，各节气门后上方具有 1 白点。

图 11－36　斜纹夜蛾幼虫

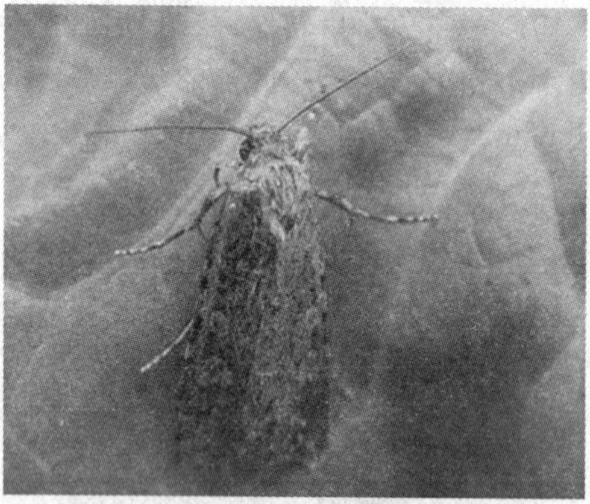

图 11－37　甜菜夜蛾成虫

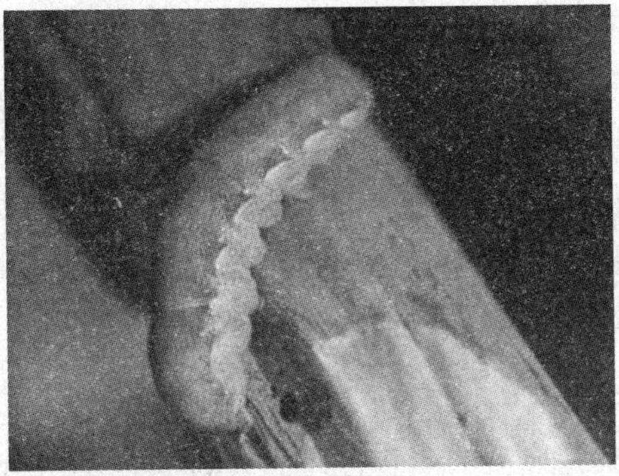

图 11－38 甜菜夜蛾幼虫

图 11－39 甘蓝夜蛾成虫

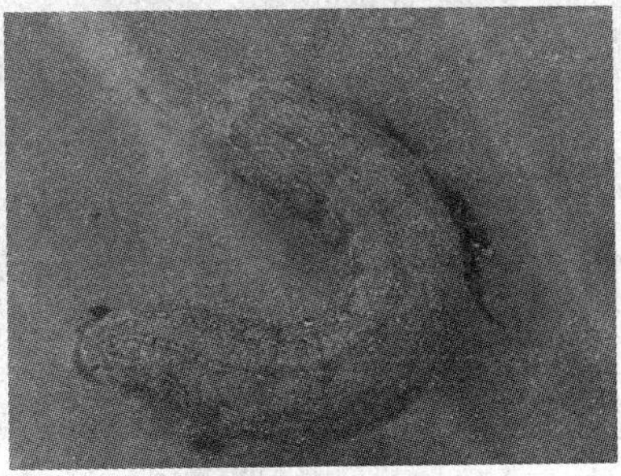

图 11－40 甘蓝夜蛾幼虫

甘蓝夜蛾体、翅灰褐色，前翅中央位于前缘附近内侧有一黑褐色环形纹和灰白色肾形纹，后翅灰色，基半部色淡。卵半球形，上有放射状的三序纵棱，初产时为黄白色，后来中央和四周上部出现褐色斑纹，孵化前紫黑色。幼虫体色随龄期不同而异，从体色稍黑、全体绿色、全体黑绿色、全体灰黑色到最后头部黄褐色，胸、腹部背面黑褐色。

二、症状

斜纹夜蛾：典型的多食性昆虫，寄主范围十分广泛。幼虫咬食叶片、花蕾、花及果实，初龄幼虫啮食叶片下表皮及叶肉，仅留上表皮及叶脉，使叶片呈黄白色半透明的薄膜；5 龄以后进入暴食阶段，咬食叶片，仅留主脉。在白菜、甘蓝上可以蛀入叶球、心叶。

甜菜夜蛾：初龄幼虫群集叶背，取食叶肉，留下表皮，形成透明小孔。2 龄后在叶内吐丝结网。4 龄后食量大增，啃食叶片，使叶片成孔洞或缺刻，严重时仅留叶脉，呈网状，造成无头菜。

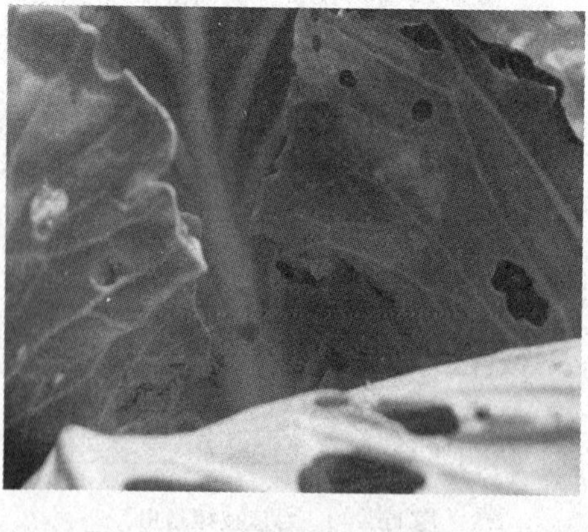

图 11 -41　甘蓝夜蛾幼虫为害甘蓝

甘蓝夜蛾：初孵化时的幼虫集中在一起于叶片背面为害，往往能把叶肉吃光，残留表皮，稍大后分散，可将叶片咬成小空洞，4 龄后大量取食叶片，严重时仅剩叶脉和叶柄。大龄幼虫可蛀入甘蓝、大白菜叶球危害，并排泄大量虫粪，污染叶球导致腐烂，并能诱发软腐病和黑腐病。

图 11－42　斜纹夜蛾幼虫为害萝卜

三、发生规律

夜蛾科害虫成虫昼伏夜出，白天潜伏在作物叶片背面、草丛中或土缝间。成虫有趋光性、趋化性和补充营养习性。成虫产卵多产于叶背。夜蛾科害虫一至二龄幼虫吐丝结网群集为害，三龄后分散。幼虫有假死性，稍有触动就落到地面，卷曲成“C”形。幼虫畏强光，上午 9：00 后常潜伏在土缝、草丛或作物叶片背面，下午 18：00 后，幼虫开始活动取食，阴天全天均可取食为害。夜蛾科害虫喜高温少雨天气。

四、防治方法

（1）农业防治。铲除田间杂草，减少成虫的栖息场所。可以根据夜蛾科害虫 2 龄前群集为害的习性，及时进行田间调查，发现卵块或幼虫群，摘除纱窗叶。轮作倒茬，深耕晒垡，南方建议稻水旱轮作，北方建议在蔬菜收货后，及时深耕翻土，利用机械的杀伤力和冬季的严寒天气杀死害虫。

（2）物理防治。利用夜蛾科害虫成虫的趋光性，采用频振式诱虫灯和黑光灯诱杀成虫。在保护地蔬菜种植地给、覆盖防虫网，防治成虫产卵。

（3）生物防治。通过诱芯释放人工合成的性信息素引诱成虫至诱杀器。保护田间自然天敌，在有条件的地方释放商用寄生蜂

（4）化学药剂防治。化学药剂防治的最佳期是卵孵化期及低龄幼虫期。采用100亿孢子/克金龟子绿僵菌油悬浮剂20～33g/667cm^2，0.5%甲氨基阿维菌素可湿性粉剂2.25～3.75克/公顷，15%茚虫威悬浮剂31.5～40.5克/公顷，4.2%高氯·甲维盐乳油31.5～37.8克/公顷等药剂。

第十三节　小地老虎

小地老虎属鳞翅目夜蛾科害虫。别名土蚕、地蚕、黑土蚕、黑地蚕，是地老虎类害虫中分布最广、危害最重大种类。是一种迁飞性、暴食性害虫，为害各种蔬菜及农作物幼苗，以豆类、茄果类、瓜类、十字花科蔬菜为害最重。

一、虫害识别

白天潜伏于地下，夜晚出土为害，咬断苗茎，拖入土穴中取食，或啃食未出土的种子。幼虫有假死性，遇惊扰即卷缩成团。

（1）成虫，体长17～23mm，翅展42～54mm，全体深褐色，前翅有内横线和外横线将其分为3段，肾状斑、环形纹、

棒状纹明显。后翅灰白色。

（2）幼虫，幼虫共分6龄，老熟幼虫体长42～55mm，黑褐色。

（3）蛹，长18～23mm，赤褐色，有光泽。

图11－43　小地老虎幼虫

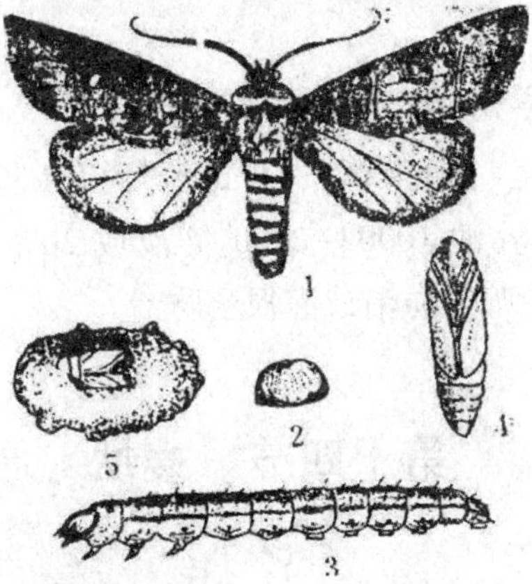

图11－44　小地老虎线图

1：成虫，2：卵，3：幼虫，4：蛹，5：茧

二、防治方法

（一）物理防治

诱杀成虫。结合黏虫用糖、醋、酒诱杀液或甘薯、胡萝卜等发酵液诱杀成虫。诱捕幼虫。用泡桐叶或莴苣叶诱捕幼虫，

图 11-45　小地老虎

左侧为老熟幼虫，右侧为蛹

每亩放置 60~80 张叶片，于每日清晨到田间捕捉；对高龄幼虫也可在清晨到田间检查，如果发现有断苗，就拨开附近的土块，进行捕杀。

（二）化学防治

1~2 龄幼虫抗药力低，1~2 龄幼虫是防治适期，可用 2.5% 溴氰菊酯乳油 1000~2000 倍液或 20% 氰戊菊酯乳油 2500~3000 倍液喷雾防治或灌根土防治。

第十四节　蝼蛄

蝼蛄，属直翅目，蝼蛄科昆虫，不全变态。俗名耕狗、拉拉蛄、扒扒狗、土狗崽（西南地区），在四川被称为土狗子。为地下害虫，体小型至大型，

一、虫害识别

蝼蛄为多食性害虫，喜食各种蔬菜，对蔬菜苗床和移栽后的菜苗危害尤为严重。蝼蛄成虫和若虫在土中咬食刚播下的种子和幼芽，或将幼苗根、茎部咬断，使幼苗枯死，受害的根部

呈乱麻状。蝼蛄在地下活动，将表土穿成许多隧道，使幼苗根部透风和土壤分离，造成幼苗因失水干枯致死，缺苗断垄，严重的甚至毁种，使蔬菜大幅度减产。

蝼蛄的触角短于体长，前足宽阔粗壮，适于 挖掘，属开掘式足前足胫节末端形同掌状，具4齿，跄节3节。前足胫节基部内侧有裂缝状的听器。中足无变化，为一般的步行式后足脚节不发达。覆翅短小，后翅膜质，扇形，广而柔。尾须长。雌虫产卵器不外露，在土中挖穴产卵，卵数可达200~400粒，产卵后雌虫有保护卵的习性。刚孵出的若虫，由母虫抚育，至一龄后始离母虫远去。

图11－46　蝼蛄成虫

二、防治方法

（一）药剂拌种

可用50%辛硫磷，按种子量的0.1%～0.2%用药剂并与种子重量10%～20%的水对匀，均匀地喷拌在种子上，闷种4～12min再播种。

（二）物理防治

可用鲜马粪进行诱捕，然后人工消灭，可保护天敌。或用灯光诱杀。缕蛤有趋光性，有条件的地方可设黑光灯诱杀成虫。

（三）毒土、毒饵毒杀法

用25%甲萘威粉剂100～150g与25g细土均有拌和或用辛硫磷颗粒剂拌土，每隔数米挖一坑，坑内放入毒土再覆盖好。3%阿维·吡虫啉颗粒剂撒施。也可用炒好的谷子、麦麸、谷糠等，制成毒饵，于苗期撒施田间进行诱杀，并要及时清理死虫。

（四）药液浇灌

用20%毒死蜱微囊悬浮剂600克/亩进行灌根。

参 考 文 献

(1) 席亚东，向运佳，彭化贤，等．四川省蔬菜病虫害发生特点及防控对策［J］．中国蔬菜，2014（6）：78－81.

(2) 席亚东，向运佳，吴婕，等．间套作对辣椒炭疽病，花生叶斑病的影响［J］．西南农业学报，2015，28（1）：150－154.

(3) 席亚东，陈国华，谢丙炎，等．不同木霉菌株对辣椒疫霉菌的防控作用［J］．北方园艺，2016（2016 年 21）：115－119.

(4) 席亚东，向运佳，韩帅，等．黄瓜霜霉病菌与抗性研究进展［J］．Journal of Southern Agriculture，2016，47（10）．

(5) 席亚东，吴婕，李洪浩，等．四川省蔬菜病虫害防控与质量安全存在的问题及建议［J］．四川农业科技，2015（12）：22－23.

(6) 席亚东，刘波微，孙常伟，彭化贤．2009. 不同黄瓜品种（材料）抗白粉病性研究．西南农业学报，22（6）：1605－1609.

(7) 陈希芹．2004. 胶孢炭疽病的遗传多样性（硕士论文）．四川省雅安市：四川农业大学．

(8) 李宝聚．2014. 蔬菜主要病害 2013 年发生概况及 2014 年发生趋势．中国蔬菜，(2)：5－8.

(9) 农业部．2014. 2012 年全国各地蔬菜、西瓜、甜瓜、草莓、马铃薯播种面积和产量．中国蔬菜，(1)：94.

(10) 秦刚，吴庆丽．2012. 辣椒炭疽病生防菌筛选及抗菌活性初步研究．北方园艺，(6)：124－128.

(11) 四川省农业厅．2010. 四川采取果断措施有效防控黄瓜绿斑驳花叶病毒病．四川农业科技，（11）：57.

（12）王玮，巫庆，彭化贤．2012. 辣椒菌核病鉴定及药剂防治．西南农业学报，25（2）：521－524.

（13）熊志强．1999. 四川农业灾害与减灾对策［M］．成都：四川科学技术出版社，189.

（14）张国芝，赵霞，杨海艳，吴婕，王云月，彭化贤．2013. 四川辣椒炭疽病菌鉴定及育种材料抗性筛选．西南农业学报，26（3）：1026－1029.

（15）郑建秋．控制农业面源污染：减少农药用量防治蔬菜病虫实用技术指导手册［M］．北京：中国农业出版社，2013.

（16）中国农业科学院植物保护研究所，中国植物保护学会．中国农作物病虫害（第三版）（中册）［M］．北京：中国农业出版社，2014.

附录

禁限农药名单

类型	中文通用名	限制使用范围
禁止生产销售和使用的农药名单	六六六、滴滴涕、毒杀芬、二溴氯丙烷、杀虫脒、二溴乙烷、除草醚、艾氏剂、狄氏剂、汞制剂、砷类、铅类、敌枯双、氟乙酰胺、甘氟、毒鼠强、氟乙酸钠、毒鼠硅，甲胺磷、甲基对硫磷、对硫磷、久效磷、磷胺、苯线磷、地虫硫磷、甲基硫环磷、磷化钙、磷化镁、磷化锌、硫线磷、蝇毒磷、治螟磷、特丁硫磷、氯磺隆，福美胂、福美甲胂、胺苯磺隆单剂、甲磺隆单剂、百草枯水剂	禁止生产销售和使用
	胺苯磺隆复配制剂、甲磺隆复配制剂自2017年7月1日起禁止在国内销售和使用	
	三氯杀螨醇自2018年10月1日起，全面禁止三氯杀螨醇销售、使用	
限制使用的农药名单	甲拌磷、甲基异柳磷、内吸磷、克百威、涕灭威、灭线磷、硫环磷、氯唑磷	蔬菜、果树、茶树、中草药材
	水胺硫磷	柑橘树
	灭多威	柑橘树、苹果树、茶树、十字花科蔬菜
	硫丹	苹果树、茶树
	溴甲烷	草莓、黄瓜
	氧乐果	甘蓝、柑橘树
	三氯杀螨醇、氰戊菊酯	茶树
	杀扑磷	柑橘树

续表

类型	中文通用名	限制使用范围
限制使用的农药名单	丁酰肼（比久）	花生
	氟虫腈	除卫生用、玉米等部分旱田种子包衣剂外的其他用途
	溴甲烷、氯化苦	登记使用范围和施用方法变更为土壤熏蒸，撤销除土壤熏蒸外的其他登记
	毒死蜱、三唑磷	自2016年12月31日起，禁止在蔬菜上使用
	2，4－滴丁酯	不再受理、批准2，4－滴丁酯（包括原药、母药、单剂、复配制剂，下同）的田间试验和登记申请；不再受理、批准2，4－滴丁酯境内使用的续展登记申请；保留原药生产企业2，4－滴丁酯产品的境外使用登记，原药生产企业可在续展登记时申请将现有登记变更为仅供出口境外使用登记
	氟苯虫酰胺	自2018年10月1日起，禁止氟苯虫酰胺在水稻作物上使用
	克百威、甲拌磷、甲基异柳磷	自2018年10月1日起，禁止克百威、甲拌磷、甲基异柳磷在甘蔗作物上使用
	磷化铝	应当采用内外双层包装，外包装应具有良好密闭性，防水防潮防气体外泄。自2018年10月1日起，禁止销售、使用其他包装的磷化铝产品